U0307522

Kogan Page

数据战略

〔英〕伯纳德·马尔 著
（Bernard Marr）

鲍 栋 译

如何从大数据、数据分析和万物互联中获利

DATA
STRATEGY

How to Profit from a World of Big Data,
Analytics and the Internet of Things

机械工业出版社
CHINA MACHINE PRESS

图书在版编目（CIP）数据

数据战略：如何从大数据、数据分析和万物互联中获利 /（英）伯纳德·马尔（Bernard Marr）著；鲍栋译 . — 北京：机械工业出版社，2018.10

书名原文：Data Strategy: How to Profit from a World of Big Data, Analytics and the Internet of Things

ISBN 978-7-111-61096-0

Ⅰ . ①数… Ⅱ . ①伯… ②鲍… Ⅲ . ①数据处理 – 研究 Ⅳ . ① TP274

中国版本图书馆 CIP 数据核字（2018）第 230926 号

机械工业出版社（北京市百万庄大街 22 号　邮政编码 100037）
策划编辑：刘　洁　责任编辑：刘　洁
责任校对：李　伟　责任印制：郜　敏

北京圣夫亚美印刷有限公司印刷

2019 年 1 月第 1 版第 1 次印刷
145mm×210mm · 7 印张 · 3 插页 · 174 千字
标准书号：ISBN 978-7-111-61096-0
定价：59.00 元

凡购本书，如有缺页、倒页、脱页，由本社发行部调换
电话服务　　　　　　　　　　　网络服务
服务咨询热线：010-88361066　机 工 官 网：www.cmpbook.com
读者购书热线：010-68326294　机 工 官 博：weibo.com/cmp1952
　　　　　　　010-88379203　金 书 网：www.golden-book.com
封面无防伪标均为盗版　　　　　教育服务网：www.cmpedu.com

赞　誉

"计算机算法将控制我们生活的方方面面。本书将成为我们通过充分利用数据引导认识市场、参与竞争并在竞争中取胜的指南。"

——亨里克·范·希尔（Henrik von Scheel），Google 顾问委员会委员

"数据战略不仅适用于数据专业人士。伯纳德·马尔告诉我们，数据战略需要得到公司营销、顾客关系、产品和人才战略等部门的同等重视。按照我的经验，数据战略是所有部门取得成功的关键。我相信，伯纳德·马尔的这本书将为我们制定数据战略提供一个宝贵的起点。我认为，本书融合了我掌握的很多经验和教训。假如你还没有自己的数据战略，本书绝对值得一读。"

——大卫·珀迪（David Purdy），Uber 数据科学家

"如果你是一家公司的数据战略负责人，但依旧苦于无法明确这项任务的规模以及建立数据驱动文化会带来怎样的回报，那么，这本书将有助于你全面把握数据在当下商业世界中的方方面面，并为你提供一种应对这项任务的指导性架构。"

——杰克·威廉姆斯（Jake Williams），Amazon 零售战略负责人

"本书通过形形色色的案例——小到一家连锁店，大到全球家居知名品牌，让一个原本复杂深奥的话题变得通俗易懂。在最新著作《数据战略：如何从大数据、数据分析和万物互联中获利》中，伯纳德·马尔以深入浅出、娓娓道来的对话风格，为许多试图把握数据驱动型经济的人解开了它背后的诸多基本要素。因此，对那些想深入了解人类如何在数据和设备的辅佐下不断发展以及如何让自己的组织把握这种脉络的读者

来说，本书必将引起他们极大的兴趣。"

——加利斯·米切尔-琼斯（Gareth Mitchell-Jones），IBM 认知系统负责人

"在当下竞争激烈的商业环境中，本书为我们绘制了一张最大化数据价值的清晰、简明而且令人振奋的路线图。"

——拉尔夫·布洛尔（Ralph Blore），Visa 中央分析业务负责人

"当我们步入第四次工业革命时，伯纳德·马尔告诉我们，只有那些将数据视为战略性资产的企业才有可能生存和发展。他让我们认识到，数据是如何改进决策、改善运营并通过产品或服务实现货币化的。他的最新著作既是让我们了解大数据各个方面的参考手册，也是帮助我们利用大数据为组织创造价值的指南。不管我们如何看待不断增长的数据和自动化运用，马尔的专业化解读都将为我们用数据塑造未来助一臂之力。"

——安迪·鲁宾（Andy Rubin），Pentland Brands 董事长

"伯纳德·马尔化繁为简的能力令人不可思议，他总能让普通人读懂最复杂的话题。伯纳德在数据战略方面的见解更是让我们受益匪浅，毕竟，他真正理解如何创建一个全面的数据战略，更重要的是，他还知道该如何让我们接受这个过程。因此，我向那些想要拥有大数据领域实用指南的读者强烈推荐本书。"

——斯图尔特·B. 弗兰克尔（Stuart B Frankel），Narrative Science 首席执行官

"今天，利用数据驱动竞争优势已从一种选项变成一种需求，而伯纳德·马尔为组织领导者提供了一张全面的路线图，引导他们专注于绘制和评价自己的旅程。他在书中谈到了从数字企业到小企业的诸多案例，这些案例引人入胜，娓娓道来，无不凸显出数据战略之于企业的重要性。这不仅有助于读者提升企业价值，而且会帮助他们在技术、支持和数据

选项纷繁复杂的世界中乘风破浪，不断前行。"

——安德鲁·萨尔斯基（Andrew Salesky），

嘉信理财（Charles Schwab）高级副总裁兼全球数据官

"伯纳德·马尔全面阐述了塑造数据战略的各项关键要素，并以生动鲜活、极富说服力的案例强调了数据驱动型企业在当今数据经济中的重要性。"

——布伦特·德克斯（Brent Dykes），大数据创业公司 Domo 数据战略总监

"在本书中，伯纳德·马尔谈及了影响所有企业的一种巨大的变革力量。拥有一套强有力的数据战略和一张数据科学路线图，已成为深入组织基因的核心构成要素。而本书则提供了路线图及大数据领域领导者对如何实现这个目标的诸多见解。"

——威廉·莫肯（William Merchan），DataScience 首席战略官

"在一个需要我们衡量一切、分析一切的时代里，伯纳德·马尔为我们完美诠释了成功企业必须回答的问题。"

——丹·莫里斯（Dan Morris），维亚康姆（Viacom）数据平台高级总监

谨以此书献给我生命中的四位至亲：我的妻子克莱尔，我亲爱的三个孩子索非亚、詹姆斯和奥利弗。

致　谢

　　能投身于这个如此富于创造力和快速发展的领域，我感到非常幸运。更让我感到荣幸的是，自己有机会与各个行业板块的企业和政府机构开展合作，协助它们以更有效的新方法去使用数据创造价值。这份工作让我从未停止过学习，否则，也不可能有这样一本书的问世。

　　在此，我想感谢很多帮助我走到今天的人。所有与我合作过的公司里的优秀人士，每当我为他们提供帮助的时候，他们都会给予我信任并回馈给我如此多的新的知识和经验。此外，我还要感谢所有与我分享思想的人，不管这种分享来自我们面对面的沟通，还是来自博客、书籍或者任何其他形式。感谢你们的慷慨，让我每天都能汲取新的养分！我还有幸认识了这个领域的很多关键的思想家和思想领袖，我真希望你们知道我多么感激你们给予的观点和意见！

　　最后，我还要感谢编辑和出版团队的帮助和支持。任何一本书从想法变成出版物，都是一个充满挑战的过程，真诚感谢你们的投入和帮助，感谢查理、大卫、艾美和露西。

作者简介

伯纳德·马尔（Bernard Marr），国际知名的商业畅销书作家，多家公司和多个政府机构的主题发言人兼战略顾问。他是商业数据领域的全球权威人士，被 LinkedIn（领英）公认为全球前五大最具商业影响力人士之一。

伯纳德经常为世界经济论坛（World Economic Forum）撰稿，也曾为《福布斯》杂志和 LinkedIn Pulse 定期撰写专栏文章，他的专家评论经常出现于 BBC 新闻、天空新闻和 BBC 世界等电视媒体和广播，以及《泰晤士报》《金融时报》《CFO 期刊》《华尔街日报》等知名刊物中。

伯纳德·马尔撰写了大量开创性的书籍和数百篇引发轰动的报告及文章，其中包括国际畅销书 *Big Data in Practice: How 45 successful companies used big data analytics to deliver extraordinary results*（《大数据在实践中：45 家成功的公司如何使用大数据分析来提供非凡的结果》）、*Big Data: Using SMART big data, analytics and metrics to make better decisions and improve performance*（《智能大数据 SMART 准则：数据分析方法、案例和行动纲领》）、*Key BusinessAnalytics: The 60+ business analysis tools every manager needs to know*（《关键业务分析：所有管理者都需要了解的 60 种业务分析工具》）、*The Intelligent Company*（《智能公司》）以及 Dummies（傻瓜学）系列丛书中的 *Big Data for Small Business*（《大数据专家：小企业也能用好大数据》）。

伯纳德·马尔曾与许多世界知名机构合作并提供咨询服务，其客户包括埃森哲咨询、阿斯利康制药、英格兰银行、巴克莱银行、BP（英国石油）、思科、DHL（敦豪快递）、Fujitsu（富士通）、Gartner（高德纳咨询）、HSBC（汇丰银行）、IBM、Mars（玛氏）、英国国防部、微软、北大西洋公约组织、Oracle（甲骨文）、英国内政部、NHS（英国国家医疗服务署）、法国 Orange 电信、Tetley（泰特利茶业），T-Mobile、Toyota（丰田汽车）、英国皇家空军、SAP、Shell（壳牌石油）、联合国以及沃尔玛等。

如果您仍需就咨询服务、演说邀请或培训需求与伯纳德·马尔交流，可通过如下网址联系：www.ap-institute.com 或电子邮件 bernard.marr@ap-institute.com。

此外，您也可在 Twitter 上关注 @bernardmarr，他经常在上面分享他的观点，或是在他定期发表博客的 LinkedIn 上取得联系。

目　　录

为配合读者阅读本书，作者还提供了一份在线参考资料——《超越大数据》（*Beyond the Big Data Buzz*），要查询该电子书请访问网址：www.koganpage.com/beyond-the-big-data-buzz。

第1章 为何说当下业务无不是数据业务

数据正在以前所未有的速度改变着这个世界以及我们的生活和工作方式。不同的角度看法不同，我们或许正踏上一条无比激动的精彩旅程，抑或正在进入一个令人毛骨悚然的"大哥"时代——我们的一举一动在这个"大哥"眼中暴露无遗，甚至可以被它未卜先知，随你怎么想象，但两者确实皆有可能。然而，企业领导者和管理者几乎没有时间去怀疑数据的权威性。数据已开始彻底改变公司的运营模式，而且注定会在未来几年对组织来说越来越重要。只有那些将数据视为战略资产的公司，才有可能得以生存和兴旺。大数据和物联网的巨大增长，再加上数据分析方法的快速发展，必将不断提升数据在企业各个层面的重要性。

1.1 大数据和物联网的惊人增长

今天，我们只需两天时间即可创造出人类在 2003 年之前积累起来的全部数据。难以想象吧，只需要两天的时间！而且我们创造数据量的速度还在持续提高。到 2020 年，我们可以使用的数字信息量将从今天的大约 5ZB 增长到 50ZB。我们的每一个动作都会留下相应的数字轨迹——无论是在线浏览、使用信用卡在实体店购物、发送电子邮件、拍照还是阅读一篇在线文章，甚至是在大街上行走，如果正好你带着手机或是你附近安装有闭路电视摄像头。

"大数据"一词是指这些数据的总体集合以及我们在商业等各个领

⊖ zettabyte，泽字节，1ZB=1 万亿 GB——译者注

1

域利用这些数据的能力。数据本身并不是什么新事物。实际上，早在计算机和数据库出现之前，我们就已开始使用数据来跟踪行动和简化流程——想想纸质的交易记录和档案文件。计算机，尤其是电子表格和数据库为我们提供了一种简单易行的存储和组织大规模数据的方式。忽然之间，我们只需单击一下鼠标，便可取得信息。

但直到最近，数据还仅限于电子表格或数据库，而这些数据必须是高度有序、整齐排列的。任何不易组织成行和列的数据都会因为实在难以处理而被忽略。而现在，存储和分析技术的发展都意味着，我们可以捕获、存储和处理非常多不同的数据类型。因此，今天的数据可以包括从电子表格到图片、视频、录音、书面文字和传感器数据等各种类型。

毋庸置疑，仅仅是我们所创造的数据量就已经无比巨大了。但说实话，我觉得自己从来就没有对"大数据"这个词满意过。这个词对数据的认识只停留在非常肤浅的层次上，因为关注的只是数据量，而不是数据所带来的无限机缘。我真希望能用一个更贴切的词汇来描述在我们技术、文化和世界中的这一巨大转型。也正因为如此，在这本书中，我才不遗余力地从各个角度来谈论"数据"这个概念，无论大小——因为你拥有多少数据都无关紧要，重要的是你能否将这些数据成功地为己所用。

1.2　数据驱动的勇敢新世界

在大数据面前，你毫无隐私可言，因为它对你是无所不知的。谷歌知道你在网上搜索什么，脸书（Facebook）清楚你的朋友是谁，互联网服务供应商（ISP）会跟踪你在互联网上访问过的每一个网站，即使你采用隐私浏览模式也不能逃脱它们的视野，但"大数据"的能力还远不止于此。谷歌不仅知道你的年龄和性别（尽管你从未告诉过他们），而且你完全可以确信，它们拥有你最全面的个人画像，对你的兴趣一清二楚，因而可以确定该向你推送什么广告。脸书很清楚你的朋友是谁以及你正在和谁约会。但你是否知道，脸书还能预测你的约会是否会延续下去，或者，如果你还是单身，那么，你即将在什么时间拥有一段感情（并且是和谁）呢？此外，脸书还可以基于对你的"爱好"的分析，判断你的智商。例如，如果你喜欢扭扭薯条（Curly Fries）、《科学》杂志（Science）、莫扎特、雷霆乐队（Thunderstorms）或是《每日秀》（The Daily Show）节目，就可以预言你拥有较高的智商；但如果你喜欢哈雷摩托车（Harley Davidson）、"战前女神"乡村音乐演唱组合（Lady Antebellum）或者《我喜欢做妈妈》[○]（I Love Being a Mom）节目，则说明你的智商可能较低。

在英国，警方在全国各地安装了数以千计的联网闭路电视摄像头，这些摄像头可以扫描车牌号并拍摄汽车和司机的照片，因此，警方可以随时掌握你在哪里驾驶。在美国，很多城市也在使用类似的道路摄像头。你的手机也可以判断你的驾驶速度有多快。目前，尽管警方还没有共享这些信息，但越来越多的保险公司已开始利用智能手机数据来推断谁是安全的驾驶者，谁的驾驶风险更高。

杂货店会员积分卡会暴露你喜欢的品牌是什么，并收集大量你的购买习惯和偏好的信息。零售商不仅可以使用这些数据对你的购物体验进行个性化设计，还可以借此预测你在未来会购买什么。举一个众所周知的案例，美国零售商塔吉特（Target）曾推测出一名十几岁的女孩已怀孕（根据她的购买习惯），并开始发送和婴儿相关的商品优惠券给她，而令人震惊的是，她自己的父母居然还不知道她已经怀孕了。

不过，大数据的能力远不止社交媒体网络和商品优惠券邮件。它的影响遍布现代生活的方方面面——从医疗卫生到太空探索，甚至到政治选举，概莫能外。

○ 一个让妈妈们分享幽默、受鼓励和启发的节目。——编者注

例如，在分析技术驱动的政治竞选活动中，最关键的策略就是要把握哪些人群属于摇摆不定或者未做决定的选民。这不难理解，为什么要浪费宝贵的时间去争取那些肯定会投票给你的人呢？至于那些永远都不会认同你的人，就更不值得你去浪费精力了。这项技术是奥巴马在 2012 年大选中最先开创的。当时，一个由 100 多位数据分析师组成的团队的任务是每天要运行 66 000 多次计算机模拟。

首先，奥巴马竞选团队的分析师收集并整合了来自选民的全部数据，包括个人登记信息、捐款记录、公开资料以及向第三方购买的商业数据（包括从社交媒体中挖掘的数据）。然后，针对每个被确定为分析对象的选民，分析师们根据他们的数据特征与已知奥巴马支持者的数据特征的匹配程度，对他们投票支持奥巴马的可能性进行评估。凭借这些复杂的人口统计信息，奥巴马的竞选团队启动针对性竞选运动。之所以采取这些措施，目的就在于提高对候选人支持概率高的地区的选民投票率和登记人数，或是在支持度量指标表明的原本支持该候选人的选民有可能倒戈的地区，提高对选民的影响力。这意味着，根据是需要说服选民登记、还是投票，还是选择正确的候选人，竞选团队通过电子邮件、社交媒体帖子和浏览器广告推送，可以发送对选民有针对性的信息。

在那以后的几年里，所有政党及大多数候选人都乐此不疲地推出自己的分析策略。

此外，大数据还有助于我们解答火星上是否存在生命这个问题。美国国家航空航天局（NASA）下属的喷气推进实验室负责"好奇号"火星探测器的日常任务规划，该实验室目前正使用 Elasticsearch 技术⊖（像 Netflix 和高盛集团等公司也在使用该技术）处理"好奇号"每天四次在预定上传期间所传输的全部数据。虽然任务规划决策始终以前一天获取

⊖ Elasticsearch 是一个开源的高扩展的分布式全文检索引擎，它可以近乎实时地存储、检索数据。——编者注

的数据为基础，但随着实时分析技术的采用，大大加快了任务控制决策的时间。这样，就可以更快地识别出数据集的模式与异常现象，并且能提供关键任务见解的相关性（correlations）更有可能变得明显，从而提高实现科学发现的成功率，减少失灵或失败的风险。

即使是医疗卫生也未能摆脱大数据的触及范围。多年以来，大多数医学研究和发现始终依赖于收集和分析数据：谁生病，他们患病的症状如何，以及患病的原因是什么。而现在，由于每一部智能手机都安装有传感器，而且医生可以进行跨学科信息的共享，使得可用数据的数量和质量达到了前所未有的水平，这意味着，实现医疗突破和变革的概率呈现出指数级增长。今天，智能手机以及 Jawbone（健身手环）和 Fitbit（智能心率手环）等其他常见智能设备，都有能力跟踪人们在追求健康生活方式方面取得的进展。此外，跟踪和监测糖尿病、帕金森病以及心脏病等慢性疾病的 App（应用程序）和设备，也正处于开发状态中。

尽管医疗行业已收集了大量的数据，但这些数据往往被单独放在个别医生的办公室、医院和诊所里。整合这些数据并将其与通过智能设备收集的患者数据结合起来，也是医疗业亟待克服的下一个重大障碍。医疗服务供应商已开始专注于数字化患者病例，并确保医疗系统内均使用相同的患者病例。此外，模式识别软件已被用于辅助诊断。到目前为止，某些算法在检测化验结果诊断癌症方面和人工诊断一样有效，甚至比人工诊断更有效。在诊断早期病症方面有巨大的潜力可挖，从而可以大大增加治愈的概率。此外，还可以使用大数据跟踪、分析和治疗世界各地的流行性疾病，比如埃博拉病毒和寨卡病毒。

但所有这些只不过是冰山一角而已，数据量只会继续增长。通常，在注册一种新产品或新服务时，无论是健身跟踪器还是商店会员卡，我们都会心甘情愿地提供自己的私人数据，以换取好处，如改善健身效果或是积攒换免费咖啡的积分。随着更多公司开始涉足数据领域和技术的不断发展促进信息的收集，可用的数据量预计将会实现指数级增长。

此外，我们还将更好地进行数据分析，每周市面上都推出新的数据分析工具。事实上，微软和 Salesforce 最近均发布了有关新型工具的消息，旨在帮助非程序员创建可用于查阅和分析商业数据的应用程序。可以预见，随着分析数据能力的提高，我们的预测能力也会得到相应改善。据市场智囊团 IDC（International Data Corporation，国际数据公司）预测，到 2020 年，在全部商业分析软件中，将有一半软件拥有指导性分析能力$^{\ominus}$。这就是说，这些软件不仅能预测客户或用户的行动，还能根据这些预测提出具体建议。从数据和分析的角度来看，我们正处于一个令人无比激动的巨变时刻，在未来五年或十年时间内，技术或将给我们带来今天还无法想象的可能性。

造成这轮数据爆炸的部分原因就在于物联网（Internet of Things，简称 IoT），有时也被称为"万物互联"（Internet of Everything，简称 IoE）。物联网是指通过互联网收集和传输数据的设备，不仅包括智能手机、智能手表和智能手环，甚至还包括电视和冰箱等常见的家用电器。近年来，物联网技术已实现了巨大增长，但它还仅处于起步阶段。今天，全球约有 130 亿台设备与互联网连接。预计到 2020 年，这个数字将上升到 500 亿到 700 亿之间。到 2020 年，单是智能手机的用户数量预计将超过 60 亿。

智能设备正在改变我们的世界、汽车、家庭乃至我们的商业。到 2020 年，约有 25 亿辆汽车将与互联网实现连接，并通过互联网提供一系列的车载服务，甚至是自动驾驶。曾经的科幻小说已成为现实——谷歌的自动

$\ominus$　指导性分析（prescriptive analytics，又称规范性分析）是商业分析三大部分之一，根据预测分析的结果，总结及建议不同的优化行动。如什么价格进行股市交易、什么时间卖商品可以获得最大的收益、什么路线最省时间。——编者注

驾驶汽车已创下每周行驶数千英里（1 英里 =1 609.344 米）的记录。

"可穿戴"（wearable）技术是物联网的重要组成部分，2015 年，可穿戴设备（如智能手机和智能手环等）的全球市场增长了 223%。目前，1/6 的消费者以某种方式拥有并使用可穿戴技术。这些设备造就了巨大的数据，而直到现在，我们才刚刚开始意识到这一点。

联网设备不仅可以连接到互联网上，还可以互相连接和共享信息。事实上，到 2024 年，设备与设备之间的连接数量将增长到 270 亿。因此，在不久的将来，我们完全有理由想象：家里的冰箱会告诉你牛奶什么时候已经过期，而且会自动提醒你的智能手机，下次在线消费时不要忘记买牛奶。

1.3　我们是否正在逼近人工智能

在计算方面，自人类的第一台计算机发明以来，人工智能（Artifcial Intelligence，英文缩略 AI）就一直是我们追求的终极目标。而且在科幻小说作家的眼里，这也始终是一个让他们乐此不疲的话题。但我们真的在走向人工智能的时代吗？认知计算（cognitive computing）注定会引领我们不断靠近这个未来。

通过认知科学（针对人类大脑的研究）与计算机科学的结合，认知计算有望影响到我们生活中的每一个领域——从商业到医疗，甚至是我们的私人生活，概莫能外。认知计算的目的就是让计算机模拟人的思维，并模仿我们大脑的工作方式。这样，计算机就可以承担我们人类认为理所当然的事情，比如理解自然语言或者识别图片中的物体。

IBM 的沃森（Watson）系统就是一个认知计算的典型示例。该系统可以在处理信息过程中进行"学习"，输入到系统中的数据越多，系统就会学到更多的东西，并且会变得越来越准确。实际上，这项技术可用于所有需通过处理和分析大量复杂数据来解决问题的领域，包括医疗保健、法律、教育和金融，当然还有商业。目前，该项技术已被用于酒店招待业。希尔顿酒店最近推出了第一个礼宾机器人"康妮"（Connie），这台机器人可以理解人类的自然语言，并回答客人关于酒店、当地景点和餐饮等方面的问题。

由于计算机越来越能像人类那样去思考，因而增强了我们的知识和能力。在科幻电影中，我们最常看到的情景是：英雄们使用计算机分析、预测并最终确定下一步的行动方案。在现实生活中，我们同样正在步入一个计算机以全新方式增强人类知识的时代。

认知计算的基础在于机器学习和深度学习技术，它们让计算机可以自动地从数据中学习。这些技术意味着计算机可以自行改变和完善算法，而无须借助于人类明确地编制的程序。那么，它们是如何运行的呢？简单地说，如果让计算机面对一张猫和一张球的图片，并告诉它哪张图片是猫，那么，我们可以让计算机判断下一张图片的内容是不是猫。计算机将其他图像与训练数据集（即最初的猫图片）进行比较，即可得出答案。今天的机器学习算法可以在无人监督的情况下完成这项工作，也就是说，无须为它们预先编程相应的决策。同样的原则也适用于更复杂的任务，只不过所需要的训练数据集也相应增大了。例如，谷歌的语音识别技术需要以庞大的训练集数据为基础，但再多的数据，也不足以保证它能预测出每个单词、短语或问题。

但技术始终处于不断改进之中，机器和深度学习推动了计算机在视觉、音频和语音识别以及自然语言处理等方面的不断发展。这使得计算机可以和人类进行交流（尽管还无法实现百分之百成功地交流），也让谷歌的自动驾驶成为可能。同样，它也使得脸书能拥有跟人一样的水平识别照片中的个体，并自动为个体添加标签。

那么，人工智能时代是否正在走近我们呢？或许还没有，至少还没有达到科幻作品所描绘的水平。很多科学家认为，计算机永远也不可能像人脑那样去"思考"。但无论你如何看待，计算机观察、认识并与周围世界进行互动的能力确实在以惊人速度增长着。随着数据量的持续膨胀，计算机的学习、理解和反应能力也在不断改进。

技术已经发展到如此程度，以至于计算机可以判断识别人类的情感，并做出反应。我们将这种技术称之为"情感计算"（affective computing），这种技术可以分析人的面部表情、动作、手势、语调、语音甚至是敲击键盘的节奏和力度，从而对用户的情绪状态变化做出判断。

不妨设想一下这项技术的潜力。你的计算机可以判断你是否感到沮丧，或者是否正为了完成一项任务而备受煎熬，并提供更多信息来帮助你。在你感受到巨大压力的时候，手机会提醒你适当休息。或者说，当你在办公室苦苦工作了一天回到家的时候，你无需提出要求，智能家居会自动播放舒缓的音乐，开启温柔的室内灯光。这或许听起来有点遥不可及，但其实不然。迪士尼、BBC（英国广播公司）和可口可乐之类的全球领先组织，都已经与从事面部识别技术的 Affectiva 公司进行合作，测试其广告的有效性，并对观众对内容的反应进行评估。此外，Affectiva 公司还在和一家日本汽车公司合作开发汽车内置技术，识别驾驶员是否出现分心或是昏昏欲睡的状况，并在出现紧急情况时联系急救服务机构或者距离驾驶员最近的亲属。微软甚至已经在检测一款可以感知女性压力水平的文胸。

计算机永远都不可能像人脑那样去学会"思考"，同样，这些情感机器也永远都不可能具有真正的情感，但我们确实正在计机器至少能对我们做出适当的情感反应。而最令人振奋的是，我们才刚刚开始探索这种技术的可能性。在未来 20 年的时间里，认知和情感计算或将成为主流技术。

1.4 数据正在如何彻底改变我们的商业世界

我毫无保留地坚信，大数据及其带来的效应，注定会影响到每一个企业，无论是"财富500强"企业还是小企业都不例外，并将从内部和外部同时改造我们从事企业运营的基本模式。不管你身处哪个领域，也不管你的企业规模如何，随着数据收集、分析和解释技术的成熟和普及，任何企业都无法规避它们的影响。

1.4.1 数据在商业中的基本作用

数据将在如下三个核心领域给企业带来深刻的影响：提高决策水平、改进运营效果以及数据的货币化$^{\ominus}$。

首先，大数据可以让公司收集到更有质量的市场及客户信息。随着数据量的持续膨胀，企业可以更多地了解顾客需要什么、他们正在使用什么（以及如何使用）、他们如何购买商品以及他们如何看待这些商品和服务。而企业又可以利用这些信息改善各个领域的决策水平——从产品和服务的设计，到销售和市场推广，再到售后服务。

其次，大数据有助于企业提高运营效率，改善运营质量。从跟踪机器性能到优化送货路线，甚至是招募最优秀的人才，都是大数据大展身手的领域，帮助各类企业及其不同部门提高内部运营效率。企业甚至已开始采用传感器来跟踪员工的动向、压力水平和健康状况，甚至监测他们的谈话对象以及他们所使用的语调，并利用这些数据来提高员工满意度和生产效率。

物联网在提高组织运营绩效方面可以发挥巨大作用。物联网的很大一部分在于传感器，而非智能设备。这些貌似微不足道的创新可以体现在从酸奶杯到桥梁水泥的一切事物，它们记录数据并将数据发送到云设

$\ominus$　数据的货币化（Data Monetization）通常指数据变现。——编者注

备。这样，企业就可以取得越来越多有针对性的反馈。比如，如何使用产品或设备、什么时候出现中断乃至用户未来会需要什么。例如，罗尔斯·罗伊斯（Rolls-Royce）通过安装在飞机发动机上的传感器，将反映发动机性能的实时数据发送到地面的监测站。人们可以利用这些信息检测故障，将灾难消灭在萌芽之中，或是调查飞机出事故的原因——当然，最好能预防事故的发生。

最后，数据还可以为企业提供将大数据融入产品的机会，这就相当于将数据本身予以货币化。在这方面，约翰·迪尔（John Deere）显然是最具代表性的例子，这家公司不仅利用数据造福于顾客，还将数据纳入到它们的新产品当中。约翰·迪尔推出的新型拖拉机均配备传感器，帮助公司了解设备的运行状况，并进行故障的预测和诊断。此外，它们还将传感器用于农民的作业，为农民提供有关种植时间和地点以及犁耕和收割最佳模式等方面的数据。对传统型企业来说，这无疑将成为一个全新的收入来源。

我们不妨以更多的例子来展现大数据的广泛适用性。首先，供应链管理是大数据及分析技术施展拳脚的最大舞台。当然，长期以来，供应链始终依赖于统计数据以及可量化的绩效指标。而能够真正变革当下行业状况的分析方法，或者说对高速增长的庞大数据集进行实时分析的技术，从根本上来说还没有出现。很多因素会给供应链管理带来明显影响，比如天气或是机器设备及车辆的状况，因此，业界的领导者最近已开始深入思考，到底要如何利用数据去提高效率。

数据分析技术已被用于库存管理、预测和物流运输。在仓库中，人们通常使用数码相机监测库存水平，并在需要补货时发出警报。而库存预测则更进一步，将通过摄像机取得的数据输入到机器学习软件，指导智能库存管理系统预测应在何时补充存货。通过数据的智能化运用来创造效率和节约成本的机会是无处不在的，人们也正在努力发现这样的机会。归根到底，从理论上说，仓库和配送中心将在几乎不需要人机交互的情况下实现有效运行。

在零售行业，使用数据优先（data-first）策略理解顾客，实现顾客与产品的匹配并引导顾客与自己的现金分开[○]，给线上及线下零售商带来了丰厚的收益。今天，零售商仍致力于寻找创新方式，从不断膨胀的顾客行为信息中洞察需求。目前，大数据分析已被用于零售流程中的每个阶段——通过预测趋势，找出最受市场欢迎的产品；预测这些产品的需求将出现在何处；通过优化定价获得竞争优势；定位最有可能对这些产品感兴趣的顾客，制定接触这些顾客的最佳手段并促成最终的消费；而后，再寻觅下一次将向他们推销的产品。

在银行业方面，苏格兰皇家银行（RBS）制定了一个被称之为"人格学"（Personology）的大数据战略，希望借此与客户重新建立联系。在金融危机期间，苏格兰皇家银行曾接受英国纳税人提供的450亿英镑资金，而在7年之后，这家银行则再次展开私有化改造。该银行正在将数据分析技术与"重返20世纪70年代"（back to the '70s）式的客户服务方法结合起来。银行为整个组织的分析能力和技术研发投资1亿英镑，并建立其一个拥有800人的强大的分析部门。

这一举措的内容就是修复20世纪70年代以后在银行与客户之间出现的脱节。理论认为，在早期的数据驱动型营销模式中（如受众群体细分和群发邮件），银行过分强调自己的需求——通常是销售，往往忽视了顾客的需求。该计划的目的是恢复银行客户在20世纪70年代或此前所期待的信任感和支持感——那时，银行职员会记得客户的姓名，了解他们的哪些需求是个性化的，并尽力提供能满足他们具体需求的服务。

○ 指不再用现金支付。——编者注

例如，在新的运营战略中，分析人员梳理了金融交易数据，精确定位出客户为银行账户的打包服务而重复付费的情形，如手机保险或故障维修。尽管起初有人担心，向客户提醒这种情况，可能会让他们至少在某些情况下取消购买苏格兰皇家银行的产品，但是在实践中，每个接到警告的人反而会取消向第三方购买的重复服务，保留苏格兰皇家银行的服务。

其他包括在"人格学"项目中的服务包括：当客户在生日当天到分支机构办理业务时，向客户祝贺生日快乐；如果顾客在 ATM（自动提款机）取款后不小心将现金遗落在银行，银行自动向客户发送短信，告知其现金已被银行安全保管。

大数据甚至可以对周五晚上的比萨饼配送情况实施优化。作为世界上最大的比萨饼供应链企业，达美乐（Domino）公司一直追求以新兴技术搭载品牌，目前，公司已实现了通过 Twitter、脸书、智能手表、智能电视以及如福特 Synch 等车载娱乐系统订购比萨饼。因此，尽管比萨饼和大数据乍看上去似乎很难实现无缝匹配，然而，在全球范围内，每天通过物流在 70 个国家 / 地区发送的比萨饼接近百万份，这个事实足以说明，这恰恰是大数据最善于解决的问题。

达美乐采取多渠道方式与客户展开互动，这种方法为它们提供了生成和获取大量数据的机会，使得达美乐可以利用这些数据改善营销效率。通过这些渠道获取的数据——包括短信、Twitter、Android 以及 Amazon Echo（这只是其中的一小部分），被输入到达美乐的信息管理系统中。在该系统中，获取的数据与美国邮政服务等第三方数据以及地理编码信息、人口统计数据和竞争对手数据结合，使深入的客户细分工作成为可能。这意味着，根据顾客个人资料的统计建模，可以对个别顾客或家庭采取完全不同的营销方式。例如，提供不同的优惠方式或产品。对客户细分的同时，数据还可以用来评估和改善个别店面和连锁机构的经营业绩。

1.4.2 智能工厂与工业 4.0

第一次工业的到来是蒸汽机以及对人类祖先的部分工作实现机械化的早期机器的出现。随之而来的是电力、流水线和大规模生产的出现。工业的第三个时代起源于计算机的出现和自动化的开始，这个时代的标志是机器人和机器开始取代流水线上的工人。今天，我们正在步入所谓的第四次工业革命——"工业 4.0"，在这个时代，计算机和自动化将以全新的方式结合到一起，也就是说，机器人远程连接配备机器学习算法的计算机系统，在几乎没有人类运维的情况下进行学习并控制机器人。

"工业 4.0"引入了"智能工厂"（smart factory）的概念，由信息物理系统（cyber-physical system，由计算机、网络和物理操作组合而成）监督工厂的物理操作过程，并做出分散的决策。在智能工厂中，机器通过网络连接实现了功能的强化，并连接到一个使整个生产链可视化及自主决策的系统。从本质上说，这些机器已成为物联网系统，并通过无线网络实现了机器之间以及人机之间的实时通信与合作。

对归属于具有工业 4.0 特征的工厂或系统，它们必须包括以下四个特征：（1）互操作性，指机器、设备、传感器和人之间实现相互连接和双向通信；（2）信息透明，系统利用传感器数据对物理世界进行虚拟，从而实现信息的情境化；（3）技术辅助，即系统不仅能够支持人的决策和解决，还能完成太难或太不安全以至于人类无法完成的任务；（4）决策功能的分散，即信息物理系统能自行做出简单的决策，并尽可能地减少人类的干预。

和工业领域所有的重大转变一样，采用这种方法同样要面对挑战。在引入新系统并增加这些系统的访问量时，就会带来更大的数据安全问题。要保证信息物理系统的成功运营，这个系统就必须拥有高度的可靠性和稳定性，而要实现和维护这样的系统绝非易事，尤其是考虑到在总体上还缺乏有经验以及有能力创建和实施这些系统的人才，其难度可想而知。同样，如何避免代价惨重的生产中断始终是一个重大技术问题。此外，在减少人为监督的情况下，如何维持生产过程的完整性和质量也是一个问题。最后一点，一旦采用自动化运行，就必然会出现丧失最宝贵人力资源的风险。再考虑到利益相关者和投资者大多不愿意为费钱的新技术投巨资，因此，所有这些问题都意味着，在成为主流之前，工业4.0 还有很多需要克服的挑战。

但工业 4.0 模式带来的益处完全可以抵销人们对生产投入的担忧。例如，在非常危险的工作环境中，工人的健康和安全状况可以得到大幅改善。如果在制造和交付流程的各层面都生成数据的话，就可以对供应链实施更有效的控制。计算机控制可以带来更可靠、更一致的生产效率和产出。而且对很多企业来说，数据控制带来的结果往往是收入、市场份额和利润的增加。

在《第四次工业革命：转型的力量》[1] 一书中，世界经济论坛创始人兼执行主席克劳斯·施瓦布（Klaus Schwab）教授指出，第四次革命和以技术进步为主要特征的前三次革命有着根本性区别。在第四次革命中，我们面临着一系列将物理、数字和生物领域结合起来的新技术。这些新技术将影响到每一个学科、经济体和产业，甚至会挑战我们如何看待人类的意义。这些技术有着巨大的潜力，持续让数亿人成为互联网的新用户，大大提高企业和组织的运营效率，并以更出色的资产管理方法帮助自然环境焕发新生，甚至有可能消除以往工业革命造成的全部损失。

此外，有报告指出，对于像印度这样的新兴市场国家，也可以从工业 4.0 的实践中受益匪浅，而俄亥俄州的辛辛那提市甚至宣布自己是"工业 4.0 示范城市"，以鼓励对该地区制造业的投资和创新。

因此，问题的关键并不在于工业 4.0 是否会到来，而是在于会以多快的速度成为现实。我猜想，第一批采用者将会因为勇于接受这些新技术而得到奖励，而那些极力规避变革风险的人只会成为无关紧要者。

1.4.3　自动化及其对就业的现实威胁

随着自动化程度的提高，计算机和机器终将取代驾驶员、会计师、房地产经纪人以及保险代理人等诸多行业的从业人员。据估计，在美国，高达 47% 的就业机会都将面临自动化带来的威胁。

提到机器人和软件取代人类从而消除人类劳动力的故事，很多情况下，我们最先想到的例子就是工厂的工人以及出租车司机等蓝领工作岗位。然而，大量的专业型工作也可能有被外包给计算机的风险。越来越多的复杂算法和机器学习表明，很多以往被视为唯有人类才能胜任的工作也可以由机器完成，或是因为采用机器而取得改进。波士顿咨询公司预测，到2025 年，1/4 的现有就业岗位将被智能软件或机器人所取代。[2]而牛津大学的一项研究则表明，在英国的现有工作岗位中，将有高达35% 的工作可能在未来20 年内实现自动化。[3]

我们不妨看几个例子。在保险行业，早在几十年之前，人们就已经开始利用公式确定某个人可以享受多少保险以及应缴纳多少保费。而对于今天的证券经纪商和承销商来说，他们的大部分工作都可以使用大数据和机器学习由计算机完成，而且新的工具不仅在上线决策过程方面自动化，甚至进一步减少了对人力投入的需求。

建筑师也可能受到威胁。协助人进行房屋设计并提高建筑和设计方案决策自动化程度的程序已经出现。目前，这些工具主要被用作可视化工具，或是在非常小或非常简单的项目上取代设计师。但随着这些程序越来越复杂，对人类建筑师和建筑设计师的需求或将有所减少。

在金融行业，今天的机器算法可用于分析财务数据和编制财务账目

（以及进行纳税申报），从而减少了会计师的参与。银行的部分工作人员已经被 ATM 取代，不过很快，即使是更高级别的银行家（包括信贷员）都可以轻而易举地被自动化系统所代替。即便是政府，目前也在使用大数据和机器学习来审核纳税申报表，识别潜在的税务欺诈问题。我们都知道，使用计算机进行股票交易的速度要远远超过人，人们甚至会通过计算机来预测市场反应，并为投资者提供买入还是抛出的操作建议。

随着人们采用计算机算法进行简历筛选以寻找最佳应聘人，人力资源、猎头和招聘工作也开始受到数据挖掘的影响。其他传统的人力资源工作，包括纸质文件的收集和归档以及向员工推荐福利计划等，也可以轻而易举地实现自动化。

营销的内涵无非是如何说服和影响他人，因而也最需要发挥人的能力。但即便如此，营销也开始被成功地外包给计算机。一家自然语言软件公司——Persado，已开始使用计算机为大型零售机构编写电子邮件主题，而且这些主题的打开率翻倍。很多公司也在尝试使用计算机来自动化购买广告媒体，不再由人来选择在哪些杂志以及在哪些页面上投放广告，而是由计算机在参照 10 亿个数据点之后进行决定。

即使是最具专业性的律师，也难免要受到影响。在案件的证据收集阶段，根据案件的复杂程度，律师和助理律师可能需要对数千乃至数万份文件进行筛选。而现在，复杂的数据库可以采用句法分析及关键字识别之类的大数据筛选技术，在更短的时间内完成相同的任务。实际上，只要接受适当的法律"培训"，沃森风格的机器学习系统完全可以分析既往案例，甚至是起草法律简报，而这项任务在传统上属于律师事务所的低级助理人员。不过，千万不要以为，只有低级助理的工作才会受到自动化的威胁；现在，律师之所以能拿到很高的薪水，是希望他们能预测出重大案件的结果，而按照密歇根州立大学与南德克萨斯大学法学院研究人员开发的统计模型，对美国最高法院案件判决结果的预测准确率已接近 71%[4]。而这种预测判决结果的能力，或许也是律师所能提供的最有价值、最赚钱的服务，而且也是最容易利用计算机进行模拟的业务。

随着计算机的复杂性呈现指数式增长，我们完全可以认为，计算机有能力应对更复杂的工作。但一个显而易见的问题是，这些技术变革所创造的就业机会或许不及它们所消灭的就业机会。当然，我们肯定还需要更多的程序员、统计师、工程师、数据分析师和 IT 人员去开发和管理这些复杂的计算机，但并非每个工厂生产线的工人都能轻易完成转型，摇身一变成为数据分析师。

好处同样显而易见，自动化水平的提高必将成为很多行业的福音，大幅改善这些行业的准确度和生产率。例如，任何律师都不会否认，更快、更全面的证据收集阶段对整个诉讼过程是有益的。最终，我相信自动化在改善商业决策、运营流程、产品及客户体验方面的可能性大到我们无法忽略。

1.4.4 区块链技术：是否是数据和企业的未来

眼下，区块链技术已成为狂热炒作的话题。实际上，世界经济论坛于 2015 年发布的一份报告就已经做出预测，到 2025 年，全球 GDP 的 10% 将来自于区块链，因此，区块链技术是每个企业领导者都应该了解的事情。[5]

那么，什么是区块链技术（blockchain）呢？我们已经习惯通过互联网进行信息共享，但提到转移价值（比如资金），我们往往又会回到银行之类的集中式金融机构。即便是 PayPal 等在线支付系统，通常也需要通过银行账户或信用卡才能得以使用。而区块链技术则通过承载传统上需要由金融服务机构处理的业务——即记录交易、确定身份并订立合同，摆脱了对中间人的依赖。如同比特币一样（虚拟货币比特币的基础是区块链技术），区块链技术为点对点交易提供了有效的支撑。它可以让任何人在世界任何可访问区块链文件的地方发送价值。在本质上，每个区块链都是一个在线数据库，数据以点对点的方式分布在用户之间。利用加密技术，用户必须在拥有修改文件所需要的密钥的前提下，才能对他们在区块链中"拥有"的部分进行修改。因此，如果将自己拥有的密钥交给其他人，我们就可以有效转移任何存储在区块链中的那一部分的价值。

针对金融服务客户，微软和IBM等公司已发布了基于区块链的服务。但这项技术还有很大空间应用到其他诸多行业，毕竟，区块链可以用来存储任何类型的数字信息。这项技术尤其适用于"智能合同"，即可在满足约定条件时自动签署的合同。例如，可在满足约定条款或是兑现一定数量订单的情况下，对发票的金额实现自动支付。并且支付均可使用区块链支付系统自动执行。

甚至有理论认为，区块链技术可以推动物联网的发展。例如，可以使用家庭设备自动精确支付耗用的水电费。"智能化"的地方电网可以利用区块链技术，进行社区内的电力配送、计量和计费，这对位置偏远的社区来说显然是非常有意义的。

我相信，区块链技术或将是数据相关领域未来若干年最强大的发明之一，因此，它当然值得商业领袖保持关注并掌握。

1.5 所有业务都必须成为数据业务

显然，数据正在成为一项非常关键的商业资产，也是所有企业取得成功的核心要素。随着我们的世界日趋智能化，数据必将成为取得竞争优势的关键，这意味着，公司的竞争力将会越来越多地取决于利用数据、应用分析和实施新技术的能力。在每个领域，数据以及将数据转化为商业价值的能力很快都将显示出越来越重要的作用。事实上，国际分析研究所（International Institute for Analytics）的数据表明，到 2020 年，和未使用数据的竞争对手相比，使用数据的企业将在生产力方面取得 4 300 亿美元的超额价值[6]。在业务中，信息本身就是力量，而且就在短短几年之前，大数据所提供的信息还是我们连做梦都无法想到的。因此，不适时开发和接受数据革命的公司，必将被市场所抛弃。

除了公司在获取和使用自身数据方面的增长之外，对外部数据（政府来源以及来自外部提供商等）的使用也将大幅激增。精明的公司已经预见到这种趋势，例如，IBM 收购美国天气频道（The Weather Channel）主要是为了取得它的数据。

国际数据公司（IDC）预测，在未来的 3~5 年内，企业不得不实施大规模的数字化转型，包括基础文化和运营两方面的转型[7]。公司和 IT 部门使用新技术的目的并不是为了完成旧有任务，而是着眼于数据的全新功能。

1.5.1　一切以数据战略为起点

要实现飞跃式发展，企业的领导者就必须主动开拓思维，摆脱传统业务的束缚大胆引入此前从未考虑过的观念和系统。首先，企业领导者必须敢于怀疑一切，将战略作为转型的切入点。有一点是无论怎样强调都不为过的：**不管规模大小，如果说当下的每一个企业都是数据型企业，那么，每个企业就必须建立一个强大的数据战略。**

如本章前文所述，我们都知道，数据从三个方面影响着企业：决策、运营和货币化。因此，你的数据战略也可以覆盖全部三个领域或是其中之一，取决于企业的具体情况。我个人建议按顺序逐一覆盖这三个领域。

此外，仅仅是考虑到当前可使用数据的庞大规模，就足以证明建立明确的数据战略的重要性。那些确实得益于数据爆炸的公司，无非是那些以更聪明的方式认识和使用数据的公司。谷歌、脸书和亚马逊等主宰行业的巨头无不是这方面的先驱，它们并不是简单地收集大量数据，而是寻求以创新方式来使用这些数据。如果不能以合理的计划利用数据来生成商业见解，那么，数据本身就会变成白色大象——代价高昂但一无是处。因此，要想避免被淹没在数据海洋之中，公司就必须制定合理的数据战略，专注于实现经营目标所需要的数据。换句话说，这就意味着必须确定亟待解答的关键性业务问题，并且只收集和分析那些有助于回答这些问题的数据。

我知道，很多拥有数据战略的公司在营销和销售等个别业务领域收到了实效，但这还远远不够。所有公司都必须拥有覆盖整个公司的数据战略。遗憾的是，公司高管普遍认为，数据和分析完全是纯粹的 IT 问题。这意味着和所有 IT 问题一样，他们根本就不需要了解数据是如何发挥作用的，或者为什么能发挥重要作用。他们只需清楚他们自己的任务是推动企业增长，并投入相应的资源。经验告诉我，由 IT 团队驱动的数据战略往往倾向于数据的存储、所有权和完整性，而非企业的长期战略目标以及如何利用数据实现这些目标。

1.5.2　你的公司是否需要首席数据官

在规模较大的公司，聘请首席数据官（Chief Data Officer，CDO）的好处是显而易见的——由他们负责作为整个公司资产的数据。在我看来，有一点是毋庸置疑的，对于商业机会、货币化、数据安全以及隐私等问题，考虑到其重要性太大，以至于不能在 C 级（首席 × × 官）层面进行讨论，因此，任何涉足重大数据项目的公司或组织，都必须在顶层设立一个负责这些事务的 CDO 岗位。实际上，Gartner（高德纳）咨询公司于 2016 年披露的统计数据指出，到 2019 年，预计有 90% 的大型组织将会聘请CDO[8]。在理想的情况下，CDO应兼具技术和商业背景。尽管过多关注技术必然会导致过分强调工具和数据量，但如果关注不足，CDO就无法与其团队和其他领导层进行有效沟通。好的CDO必须具备如下核心素质和要求：

1. 高层次的视野

CDO负责数据优先级和数据战略在整个公司范围内的总体状况。我认为，这意味着CDO必须提出正确的问题，并确定回答这些问题所需要的数据和战略；他们必须深刻理解数据战略以及组织的具体业务。

2. 实施

CDO负责在公司内部的各个层面上实施数据战略。这就要求他们能对技术项目的大型团队进行管理，并围绕具有诸多变量和不确定性的技术项目构建商业案例。

3. 数据的准确性、安全性和保密性

CDO也是收集和维护精确数据的最后一个把关人，确保数据的安全性以及数据保密政策的设计和实施。因此，CDO是公司道德的"灵魂"，制定并遵循收集和使用数据所依据的道德准则。

4. 识别商业机会

考虑到与数据的独有关系，CDO也是通过数据发现商业机会的第一责任人。从广义上说，CDO应利用实施数据战略取得的信息来增加收入或降低成本。

5. 数据驱动的企业文化领导者

此外，CDO必须是富有人格魅力的领导者，在公司内部打造数据驱

动型企业文化。从文化这个角度来说，从高管级别到一线工作人员的所有人要认同和支持数据及其安全性和保密性的重要性以及数据的商业价值。

6. 将数据视为商品

在很多情况下，CDO 还必须是富有远见的人，负责识别和认定将组织的数据货币化所带来的价值。对规模较小的公司而言，设立 CDO 职务可能是多余的，或者不太可能。在这种情况下，领导团队或许在外部数据顾问的帮助下自己就能执行相似的职能。无论有无 CDO，有一点都是显而易见的，数据必须成为所有企业的重中之重，具有顶层优先级。而且和所有重大商业决策或投资一样，数据业务必须以明确的战略为起点——即一条规划出企业未来走向的路线图。

注解

1. Klaus Schwab (2017).*The Fourth Industrial Revolution*, Portfolio Penguin

2. Jane Wakefield (2015). Intelligent machines: the jobs robots will steal first, BBC，14 September，详见 2015 年 9 月 14 日的网址：http://www.bbc.com/news/technology-33327659

3. Alan Tovey (2014). Ten million jobs at risk from advancing technology，*The Daily Telegraph*，10 详见 2014 年 11 月 10 日的网址：http://www.telegraph.co.uk/finance/newsbysector/industry/11219688/Ten-million-jobs-at-risk-from-advancing-technology.html

4. Kim Ward 和 Daniel Martin Katz (2014).Using data to predict Supreme Court's decisions, *MSU Today*，详见 2014 年 11 月 4 日的网址：http://msutoday.msu.edu/news/2014/using-data-to-predict-supreme-courts-decisions/

5. World Economic Forum (2015).Deep shift: technology tipping points

and societal impact，详 见 网 址：http://www3.weforum.org/docs/WEF_ GAC15_Technological_Tipping_Points_report_2015.pdf

6. Bloomberg (2016) 对大数据分析和认知计算进行了预测，详见 2016 年 1 月 6 日 的 网 址：https://www.bloomberg.com/enterprise/blog/6-predictions-for-big-data-analytics-and-cognitive-computing-in-2016/

7. 国际数据公司（2015 年）：IDC 首次提出"DX 经济"（数字化转型经济）概念，即各行业进入大规模数字化转型及第三平台大规模扩张的临界时期，详见 2015 年 11 月 4 日的网址：https://www.idc.com/getdoc.jsp?containerId=prUS40552015

8. 高德纳咨询（2016 年）：Gartner 预测，到 2019 年，90% 的大型组织将设立首席数据官职务，2016 年 1 月 26 日。详见网址：http://www.gartner.com/newsroom/id/3190117

第 2 章 战略性数据需求的确定

数据固然令人振奋，甚至具有革命性，但这并不总意味着实用性。从商业角度来说，要真正发挥其实用性，数据还必须满足某些特定的商业需求，才有可能帮助组织实现战略目标，或是创造真正的价值。

我们看到，有太多企业深陷于大数据的喧嚣中而不能自拔，它们毫无节制地收集数据，却从未真正考虑过该如何处理这些数据。这种做法毫无意义（事实上，我们将会在第 10 章里看到，这或许有可能让你陷入法律的泥潭中），最重要的是，每个企业都必须从战略开始，而不是从数据本身开始。就目前而言，重要的不是存在什么样的数据、你已经在收集哪些数据、你的竞争对手正在收集什么数据或是可以获得哪些新的数据形式。同样无关紧要的是，你的企业是否已拥有可供你使用的海量的准备用于分析的数据，或者几乎没有任何数据。好的数据战略并不取决于你可以轻易拥有或是有可能得到哪些数据，而是在于你的企业想要达成怎样的目标，以及数据如何能帮你实现这个目标。

摆在我们面前的事实是，数据的类型是多种多样的（我们将在第 6 章里讨论这一点）。要找到你需要的数据，首先要确定你想要如何使用数据。对于部分目标，你可能需要某种类型的数据，而对于另一些目标，则需要其他类型的数据。例如，传感器数据对提高制造厂的效率是非常有价值的，但它们却不能帮你预测新产品的需求或是了解客户对于你提供给他们的服务感受如何。

数据帮助企业取得成功的方式有无数种，但归根到底，可以归结为

第 1 章中所概况的三个方面：使用数据改进决策质量、使用数据实现运营提升，以及将数据本身作为一项资产。在本章中，我们将深入探讨这三个方面，帮助读者掌握如何以最优化的方式将数据运用于组织机构。随后，我们将在第 3、4、5 章中对每个方面分别进行深入探讨。

在实践中，即使拥有海量的资源，要同时处理这三个方面也是一件非常棘手的事情。毫无疑问，指导决策制定已成为当下组织最常见的数据使用方式，总而言之，在大多数组织中，决策往往都是组织运用数据的最佳起点。因此，大多数组织首先从决策开始，并在这个过程中获得和积累信息，借此改善运营，从而将数据视为一种潜在的资产。但对某些组织（如大型制造商）来说，运营改进或许是它们的首要选择。如果你的组织恰好属于这种情况，那么，你现在就可以略过决策这个层面，随后再来探讨这个问题。那些拥有大量客户数据的组织，或许更有动力将数据立即转化为资产。至于如何利用数据服务于你的组织，没有任何硬性规则可遵循。

2.1 以数据提高企业的决策质量

对于我曾经服务过的绝大多数企业来说，提高企业的决策质量是它们共同的目标，而且我坚信，这也是所有企业都追求的目标。不管你是想更好地了解市场，还是想开发新产品、增加收入或是定位新顾客，归根到底，都需要做出更高质量、更合理的业务决策。而数据则为我们做出这些决策提供了必要的洞见。

对于我们需要使用哪些数据以及如何使用这些数据，应该尽可能地做到具体明确。在提高决策质量这个问题上，我们首先应确定组织的当务之急和还未解决的业务问题（例如，"我们怎样才能抓住这个客户群？"，或者说，"我们如何才能让营业额增加 10%？"）。然后，你才可以获取并分析适当的数据，以提供有助于解答这些问题的洞见。因此，制定清晰的数据战略有助于我们确定关键性的业务问题，并确定各项任务的轻重缓急，从而确保我们以最有效的方式利用时间和资源。我们将在第 3 章对此进行深入解析。

你或许希望从某个特定业务领域入手，比如更好地了解客户，但归根结底，如何制定更理性的决策以及在数据基础上进行决策的企业文化，这个基本思想应贯穿于整个组织。这是我特别热衷探讨的一个话题，为此，我们将在第 11 章做详细解析。

2.1.1　利用数据更好地了解客户和市场

这是当下公司使用数据最常见（也是最为人们所熟知）的方式之一。尤其是社交媒体的兴起，可以让企业从多维度对顾客和市场形成更丰富的认识。随着对客户和市场的理解不断深入，组织就可以做出更理性的决策——也就是说，让它们的决策植根于数据，而不是依赖于直觉或假设。这其中包含了三个关键性脉络：全面了解你的客户（他们是谁、他们的位置、他们的行为及偏好等），从而更好地和他们展开互动；识别趋势；了解竞争态势。

在为顾客勾勒出的完整图景中，可以包括让他们感兴趣的要素、他们为什么会购买、他们喜欢怎样购物、他们下一次会购买什么以及促使他们选择一家公司而非另一家公司的原因等。社交媒体是获取这类信息的一个明显而重要的源泉。脸书或 Twitter 等所有主要社交媒体平台均提供了有针对性的目标广告，让你的广告可以精准定位某个特定的年龄群体或地理区域。不花一分钱，我们就可以通过社交媒体平台掌握谁在谈论什么，并确定这会对产品或服务的需求产生怎样的影响。与大多数社交媒体平台相比，Twitter 显然是汲取洞见的最佳来源，在这里，几乎所有对话都是公开进行的。实际上，IBM 目前已经与 Twitter 展开合作，提供一项帮助企业直接通过推文获取市场洞见的服务。早在 2014 年推出这项服务时，IBM 就向人们展示出推文在收集市场洞见方面的强大威力。其中就涉及一家通信公司，通过预测哪些客户最有可能因恶劣天气导致服务中断而受到影响，这家公司得以将顾客流失率减少了 5%。而一家食品饮料零售商则发现，较高的员工流失率是影响最忠实顾客价值的一个重要因素。

趋势发现是数据的另一个常见用途，无论是行业趋势和顾客行为趋势，或是其他有可能影响盈利的趋势，概莫能外。从本质上说，这个用途可以归结为发现和监测市场模式，并使用这些信息预测市场的未来走势，从而帮助我们做出更合理的决策。市场营销是了解和预测趋势的一个绝佳示例，而社交媒体和互联网在这方面同样扮演着重要角色。作为个体，我们习惯于将有关我们自己、我们的兴趣、习惯、喜好和忌讳方面的数据拿出来分享，不管这种分享是出于有意还是无意，但敏锐的公司总能在第一时间掌握这些信息。此外，每天的热门话题都主宰着脸书和 Twitter，因此，和以往任何时候相比，我们都能更轻松地确定人们对什么感兴趣，或是需要什么。

在零售业，对在线及离线客户行为的衡量可以达到细致入微的地步，并将这些数据与所在年度的时点、经济状况，甚至是天气等外部数据进行比较，从而详细了解人们可能会购买什么，以及会在什么时候购买。不管是针对产品、推广活动还是库存水平或者沟通策略，我们都可以利用这些信息做出更明智的决策。

至于谈到了解竞争对手，除了行业间谍活动之外，企业所能做的事情，往往仅限于收集行业八卦，或是通过浏览竞争对手的网站或店面来搜集信息。但是现在，数据让我们可以比以往任何时候都能更容易地了解竞争对手。因为有关竞争对手的数据不计其数，它们的财务数据唾手可得，谷歌趋势（Googl Trends）可以告诉我们有关任何品牌或产品的受欢迎程度，社交媒体的分析可以对品牌或产品的畅销度提供有价值的洞见（即在网络上被提及的频率），而且可以看到某位顾客对这个品牌或产品的具体评论。Twitter 在这方面尤为透明。然后，将这些信息与你自己的公司或产品进行比较，从而为你的决策提供依据。例如，你的竞争对手是否在 Twitter 上被更多提及？它们在 Twitter 上与顾客的对话与你相比如何？它们的脸书页面是否相比你获得更多的"喜欢"和"分享"？这样，你就可以更深入了解竞争对手的活动。当然，你的竞争对手也可以收集到针对你的同样信息。但通过定期收集有价值的数据，并建立以数据为基础的决策文化，注定会让你在竞争中占得先机。

2.1.2　在一个意想不到的场景，让数据为你而动

不管你的公司是大集团还是小规模公司，是跨国公司还是本土公司，是高科技公司还是传统企业，数据都可以帮你制定更合理的决策。美国连锁餐厅迪基烤肉店（Dickey's Barbecue Pit）就是一个在意料之外的环境中以数据进行决策转型的典型示例。这家公司在美国各地经营着 500 多家餐厅，公司开发了一个名为"烟囱帽"（Smoke Stack）的专用数据系统。

"烟囱帽"系统背后的基本理念，就是寻找更好的商业洞见，以增加企业的销售额，其终极目标是指导或改进迪基连锁店业务决策的方方面面，包括运营、营销、培训、品牌及菜单开发。尽管公司已开始从多种渠道获取数据，但它们还没有能力以有意义的可行方式分析这些数据。公司意识到，它们完全可以将所有分散的数据汇聚到一起，以便让这些数据更易于使用和理解。

"烟囱帽"系统将来自销售点（POS）系统、营销推广、忠诚度计划、顾客调查及库存管理系统的数据集中到一起，以接近实时的方式提供有关销售情况及其他关键绩效指标（KPI）的数据。每隔 20 分钟对这些数据检查一次，以便于实现即时决定，与此同时，每天早晨在企业总

部层面上进行一次简报，以规划和执行更高层次的战略。数据的实时性对餐厅安排尤为重要，它能让公司对供求问题做出"即时"响应。例如，当顾客午餐用餐时间较长或是专门点排骨的时候，餐厅可以向本地顾客发送言简意赅的短信，邀请他们到专门出售排骨的店面就餐。

数据甚至可以决定菜单的内容。"烟囱帽"的用户可根据如下五个指标对准备纳入新菜单的菜品进行评估——销售量、制作的难易程度、盈利能力、品质和品牌。如果某个菜品在这五项指标上达到一定标准，那么，它就会成为某个餐厅菜单中的固定菜品。

餐饮业的竞争非常激烈，快速分析和决策能力是维持竞争优势的关键。正如公司的首席信息官（CIO）劳拉·里伊·迪基（Laura Rea Dickey）对我说的：

"如果一个地区或店面高于或低于某个关键绩效指标——如劳动力成本或是商品成本，那么，我们就可以调配资源来纠正问题，而且我们会在12~24小时内对这些数字做出响应，而不是等到工作周结束时，更不会使用几个月之前的数据。要维持盈利，就再也不能以那种方式做生意了。"

数据帮助迪基烤肉店更好地了解餐厅现场状况，并根据这些信息做出快速而明智的决策。其结果就是，提高了餐厅的销售额，并对不同地区的顾客有了更深入的了解。

2.2 利用数据改善运营

数据的用途已走出决策，转向业务流程和日常操作的优化，以便提供更优质的产品或服务。通过任何可生成数据的业务流程（如生产线上的机器、运输车辆上的传感器以及顾客订购系统），我们就可以利用这些数据改进运营，提高效率。在实践中，这意味着将建立一个可以让你自动使用数据的内部系统。它的关键词是"自动"。这种潮流就是尽可能地实现自动化。

转变你的企业运营是一种巨大的进步，远比使用数据改善决策过程更为重要，因此，这绝非是所有企业都能做到的。如果你觉得这个领域目前还与你的组织无关，这没问题。但我还是建议各位：随时把握改善企业运营的机会。

2.2.1　通过数据获得内部效率

对以制造业或工业为核心的公司，机器、车辆和工具都可以变得更"聪明"，也就是说，让它们实现联网，以数据驱动，并在彼此之间持续报告各自的运行状态。机器数据可以包括从 IT 设备到传感器、仪表及GPS 设备的所有对象。利用这些数据，企业可以实时了解它们的运营情况。通过对企业运营的每个方面进行监控和调整，始终保持最佳运营状态，从而达到提高效率的目的。此外，它还可以帮助减少损失惨重的设备停机时间，原因不难理解：只要我们知道应该在什么时候替换磨损的零部件，机械发生故障的概率就会大大减少。

这当然不限于制造性企业。譬如，在零售业中，在达到某些条件或是库存水平低于一定数量时对库存进行自动更新，企业就可以达到优化库存的目标。企业甚至可以使用社交媒体数据、网络搜索趋势和天气预报提供的预测信息来预测市场需求和最高库存量。

正如我们在第 1 章中所看到的，凭借 GPS 数据、交通数据，甚至是气象数据的巨大潜力，可使供应链和快递送货业务成为另一个可实现优化的领域。我曾听说，一家比萨饼供应企业使用智能手机中的 GPS 传感器跟踪送货司机的行程，这就为企业如何优化送货路线提供了有价值的洞见。从本质上说，跟踪司机的实时位置并用公开数据监控送货路线上的交通状况，他们就能更快、更高效地向客户交付商品。

此外，大数据还有助于优化 IT 资源。可以使用数据和算法识别 IT 系统中的漏洞，降低风险，实时监测欺诈行为和监控网络安全。数据驱动型欺诈监测的一个典型示例，就是信用卡公司以实时方式分析交易，并随时关闭存在疑点或是在现实生活中不可能实现的交易（例如，使用同一张信用卡于下午 2 点和下午 3 点分别在纽约市和新德里的实体店进行购物）。保险业在利用数据监测欺诈行为方面也取得了长足进步。通过分析在线完成索赔的时间长度，或是分析客户是否返回操作并修改上一页的信息，就可以识别出可能存在的欺诈性索赔。

数据甚至可以帮助我们改善招聘和管理员工的方式。毕竟，员工是内部运营和流程的重要组成部分。有的时候，找到并留住合适的人才会成为组织维持竞争优势的关键。数据可以帮助你找到最佳人选，了解你目前的招聘渠道是否有效，并协助你维持现有员工对组织的满意度。例如，我的一位客户想招聘有主动投入意识的自我驱动型员工。通过对他们希望招聘的人选和竭力规避的人选的数据集进行分析，这家公司发现，在填写求职申请表时，如果使用的浏览器并没有预装在他们的计算机上，而是必须单独安装（如 Firefox 或 Chrome），这些应聘者往往会更适合于这份工作。通过衡量这个简单的指标，公司就可以在进入面试阶段前剔除那些不符合标准的应聘者，从而可以更轻松地找到合适的人选。我的另一个客户是一家零售商，他们对应聘者的社交媒体资料进行分析，以此（非常精准地）预测潜在应聘者的智力水平和情绪稳定性。

这些数据不仅适用于招聘领域，也适用于运营方面。旷工数据、生产效率数据、个人发展评价以及员工满意度等人力资源数据，都是可以通过分析获得洞见的渠道。除这些传统类型的人力资源数据之外，我们还可以通过很多新颖别致的方式获取数据，例如，使用闭路电视寻找员工，扫描社交媒体数据，分析电子邮件的内容，甚至是通过企业智能手机的定位传感器获得数据，对员工的位置进行监测。当然，这些用途面对的挑战之一，就是确定哪些数据确实会对公司业绩产生影响，以避免陷入无穷无尽的可能性当中。因此，我们必须从运营角度考虑哪些数据是最有价值的。譬如，可能会通过增加员工的满意度来减少员工的流失。此外，为避免出现任何形式的抵触，一定要让员工清楚，公司从他们身上收集了哪些数据，以及这些数据的用途是什么，这一点至关重要。每个人都需要意识到，收集数据的目的是提高整体公司的效率，而不是以"大哥"的姿态去评估或监视个别员工。

2.2.2　亚马逊：如何以数据优化业务流程并增加销售额

我们都知道，在很多方面，亚马逊都是电子商务的鼻祖，但它最伟大的创新之一，或许是个性化的推荐系统。当然，它建立在从与数百万顾客交易中收集的大数据基础之上。心理学家喜欢谈论建议的力量，在把某些人可能喜欢的东西摆在他们面前时，不管这件东西是否能满足他们的实际需求，他们都有可能被强烈的购买欲所征服。当然，这也是让冲动型广告屡试不爽的内在机理。然而，亚马逊并未采用漫无目的的机关枪扫射方法，而是充分利用它们的顾客数据，将它们的推荐体系打造成一支高效、精准的狙击步枪。它们的推荐系统始终处于不断改进中，以至于让我们感觉到，我们现在所看到的系统还处于初始阶段。在一项广为宣传的举动中，亚马逊开发的系统取得了专利，该系统的目标就是早在我们还没有确定购买商品之前，就把商品发送给顾客——也就是所谓的预测性调度（predictive despatch）。实践证明，这是一种非常有效的指标，它们对预测性分析可靠性的信心也不断增加。

此外，亚马逊还将大数据分析纳入到它们的顾客服务运营中。对从事鞋类零售业务的美国著名 B2C 网站美捷步（Zappos）的收购，经常被业界引用为这一措施的关键要素。自创立以来，美捷步在顾客服务方面赢得了良好声誉，而且往往被赞誉为这个方面的全球领先者。美捷步的成功，很大一部分因素是源于其复杂的关系管理系统，该系统使得他们能广泛采用自己的顾客数据。在 2009 年被亚马逊收购之后，这些流程逐渐与亚马逊固有的业务流程实现了并轨。

亚马逊已远远超越最初在线书店的阶段，而这种超越的一个重要原因，就是它们热衷于采用大数据原理，并使用数据改善其运营模式。

2.2.3 优步：如何以数据优化运输

优步是一项以智能手机应用程序为基础的出租车预约服务，它可以在需要出行的用户和愿意为他们提供搭载服务的司机之间建立联系。这家公司深深植根于数据，与传统的出租车公司相比，它以更高效的方式让数据为人所用。

优步的整个商业模式是基于众包（crowdsourcing ⊖）的大数据原理。任何拥有汽车且愿意帮助某人到达目的地的人，都可以帮助此人到达这个目的地。优步会存储和监控全部用户乘车路线的数据，并利用这些数据分析需求、配置资源和设定乘车价格。此外，这家公司还对所服务城市的公共交通网络进行深入分析，这样，它们就可以将重点集中到缺少这项服务的地区，并提供对接公共汽车与火车的中转连接。

在业务所覆盖的每一座城市，优步都拥有庞大的司机数据库，因此，当乘客需要搭乘时，它就可以立即为该乘客与位置最适合的司机做匹配。与此迥然不同的是，在传统出租车业务中，顾客付费的标准是乘车的时间，而不是出行的距离。这家公司开发出一种对交通状况和行程时间进行实时监控的算法，这意味着，价格可以根据出行需求的变化而进行调整，而交通状况则表明，相同乘车路线可能会占用更长时间。这就鼓励更多司机在有出行需求时及时出发，并在需求不足时待在家里。公司

⊖ 从某个广泛群体，尤其是在线社区获取所需要的创意、服务或内容。

已就这种数据定价方法申请了专利，并称之为"峰时定价"（surge pricing）。当然，如果你喜欢，也可以将这种方法视为一种更先进的"动态定价"模式，它类似于连锁酒店和航空公司用来调整价格以满足需求的方法：并不是简单地在周末或公众假期提高价格。相反，优步使用预测模型对需求进行实时估计。

优步使用了很多不同类型的数据。例如，它会使用 GPS、流量数据以及公司根据旅程可能需要的时间进行调整的算法自动计算车费。此外，公司还通过分析公共交通路线等外部数据规划其服务。

在使用数据改造运输方面，优步并不孤立。它的竞争对手也在提供类似服务，只不过迄今为止，这些企业的规模还不大，如 Lyft、Sidecar 和 Haxi 等。归根到底，最成功的企业很可能就是最善于使用数据改善客户服务的企业。

2.2.4　罗尔斯·罗伊斯：如何以数据驱动制造业成功

罗尔斯·罗伊斯（又称劳斯莱斯）公司生产各种型号的发动机，其产品应用于 500 家航空公司和约 150 个国家的军队。在像这样的高科技行业里，失败和错误往往意味着数十亿美元的代价，更不用说人的生命。因此，公司能否严格监测其产品的运行状况，以便在潜在问题发生之前防患于未然，这一点至关重要。为此，罗尔斯·罗伊斯公司将数据应用到三个最关键的领域中：设计、制造和售后支持。

在设计方面，它将数据用于产品的仿真模型中，以模拟和预测零部件和发动机在特定情况下的运行状态。公司的首席研发官保罗·斯坦（Paul Stein）曾对我说：

"我们在设计过程中使用了超大功能的计算模型。在我们设计的一台喷气式发动机中，每次模拟都会产生数十兆字节（TB）的数据。然后，我们还要采用一些非常复杂的计算机技术分析这个庞大的数据集合，并以可视化手段监测我们设计的某个产品到底是好还是坏。"

事实上，他们最终希望的，就是能对公司产品在所有可能遭遇的极端使用状况下实现可视化，而且他们已经在为此努力。

该公司的制造系统正在不断实现网络化，并通过相互沟通逐步向物联网工业环境下发展。公司在自己的制造流程中生成大量数据。譬如，在新加坡新开办的工厂，罗尔斯·罗伊斯公司针对每个风扇叶片即可生成 0.5TB 的制造数据。考虑到这家工厂每年可生产 6 000 个风扇叶片，因此，仅这一个组件就会产生大量数据。这些数据可以运用于诸多方面，尤其适用于对公司所生产零部件的质量控制进行监测。

在售后支持方面，罗尔斯·罗伊斯的发动机和推进系统均配备了数百个传感器，用于详尽记录运行过程中的每一个细微环节，并将任何风吹草动实时报告给工程师。利用这些数据，公司可以识别出导致发动机需要维修的任何要素和条件。在某些情况下，尽管可以通过手动干预来避免或缓解任何有可能带来问题的状况，但罗尔斯·罗伊斯公司更希望由计算机来自行完成这些干预。

随着民用航空发动机的可靠性日益增强，公司关注的重点也开始转移到如何维持发动机的最优性能，从而为航空公司节约燃料，并确保其航班准时。利用数据，罗尔斯·罗伊斯公司可提前几天或几周时间确定维修计划，这样，航空公司就可以在不给乘客带来任何干扰的情况下安排工作。为实现这一目标，发动机上的分析会在每次飞行过程中生成大量数据，并将相关的重点数据传送到地面以供进一步分析。因此，只要飞机进入维修库，工程师就可以利用全部飞行数据检查和监测可实现性能改进的每一个环节。工程师可以查找数据中的异常状况，比如压力、温度和振动指标等，从而确定发动机在什么时候需要维修。此外，在出现故障时，掌握所有这些数据就意味着公司可以确定造成问题的所有因素。于是，公司可以使用这些信息，预测再次出现类似问题的时间和地点，随后，再将这些信息反馈到设计过程，从而形成一个完整的循环周期。

罗尔斯·罗伊斯公司为传统制造企业如何步入数据改造和提效的新时代提供了一个完美的例证。最终，数据和分析帮助该公司精简了产品设计，缩短了产品开发时间，并提高了产品的质量和性能。此外，尽管未能提供准确数据，但公司还是明确表示，这种数据驱动模式"显著"降低了公司的制造成本。正如斯坦所言："罗尔斯·罗伊斯的数字化进程毋庸置疑，问题绝不在于是否发生，而在于发生的速度有多快。"

2.3 商业模式的转型：将数据作为企业资产

数据不仅可以帮助企业完美地做出更明智的决策并改善运营，甚至可以成为企业商业模式的关键部分。这其中涉及两个方面：一个方面是，数据正在成为一种可增加企业整体价值的非常有价值的资产，另一方面则体现为通过向顾客或其他利益相关者回售数据的方式来实现数据的货币化。

2.3.1 如何以数据提升企业价值

今天，企业已开始依据其拥有的数据进行交易。2015 年，IBM 宣布收购 Weather 公司的多数股权，后者拥有 Weather.com 和 Weather Underground 两个平台，据外界披露，收购价格约为 20 亿美元。IBM 何以做出如此大手笔的举动呢？当然是为了这家公司拥有的数据。与天气有关的数据集合非常庞大，它包括每天来自 30 亿个天气预报观测点、5 万架航班和 4 000 多万部智能手机生成的数据。难怪 Weather 公司近 3/4 的科研人员都是数据和计算机专家（相比之下，只有 1/4 的员工是大气科学家和气象学家）。在收购完成之后，IBM 可以访问所有这些数据，并把它们出售给其他需要了解天气状况的企业。可靠的气象数据在很多行业都发挥了越来越重要的作用，而不只是在明显依赖气候的农业或交通行业。例如，气候状况会影响零售购物行为，而极端性气候状况则会对建筑业和保险业等诸多行业产生持久性影响。制药公司甚至使用天气数据来预测市场对流感和感冒治疗药物的需求。全球知名 IT 研究企业、高德纳（Gartner）公司的分析师道格·拉尼（Doug Laney）在 Twitter 上发文称："在标准普尔的非预期损失中，有 60% 的比例可以归咎于天气。"因此，收购一家能准确预测天气状况的公司，确实是一笔非常精明的投资。

更有说服力的例子来自微软，公司最近⊖宣布，它以 262 亿美元的价格收购 LinkedIn，这样，微软就可以访问这家职业人士网络所拥有的 4 亿多用户，当然还有它所带来的数据。微软曾表示，虽然 LinkedIn 将作为一个半独立实体继续运营，但该平台的数据将会与微软的合作和生产力工具实现融合。这可能为微软开发的工具提供巨大的个性化发展空间，并有助于他们在企业市场上与 Google Apps for Work 这样的大型竞争对手一决高下。

我们看到的，这些趋势背后的基本原则就在于，数据本身就是一种资产。事实上，高德纳很早就提出"信息经济学"（infonomics）的概念，以此指代信息本身所具有的价值。然而，随着数据正在成为组织的核心资产，对数据进行审慎管理的要求也日益紧迫。面对这一呼声，高德纳《研究界》（Research Circle）的最新研究表明，针对数据，当下最为关注的问题是"治理和隐私"。[1] 我们将在第 10 章深入探讨数据的安全和治理问题。

2.3.2　将数据转化为新的收入源泉

现在，我们不妨探讨一下数据货币化的另一个方面：数据访问权的

⊖　指 2016 年 6 月。——编者注

出售。如果你的公司正在生成或收集数据，那么，就有必要考虑一下，能否将这些数据拿到二级市场上出售。换句话说，你能否把这些数据卖给顾客？或者说，你可以采用不同的格式将数据卖给其他方面吗？

Fitbit 的经营模式完美诠释了产品制造商变身数据销售商的潮流。基于掌握充分信息的人会在生活方式上做出理性选择这一原则，Fitbit 的设备帮助人们随时监控和改善自己的生活习惯，以鼓励人们改善饮食，增加锻炼。Fitbit 可以跟踪用户的日常活动、锻炼情况、卡路里的摄取和睡眠等行为。显而易见，这些关乎健康的数据是非常有价值的，其意义已不仅仅局限于用户本人。通过这种方式，Fitbit 汇集了针对用户健身习惯和健康状况的各种数据，并与战略合作伙伴实现共享。此外，这些个人数据也可以在用户许可的情况下进行共享。以微软的 HealthVault 服务为例，它允许用户对健康专业人员上传和分享自己所佩戴的健身追踪器的数据，使得医生可以对患者的综合健康状况和习惯做出更全面的评估，这显然是常规性问诊和检验所无法实现的。这背后的意义远不止于此，恒康保险公司（John Hancock）最近已宣布，它们将为佩戴 Fitbit 设备的保险客户提供折扣。投保人可以分享他们的 Fitbit 数据，因此来换取与健身活动和饮食相关的奖励。这表明，为换取更优质的产品、服务或是财务收益，越来越多的个人愿意"交易"自己的私人数据——只要交易是透明的，也就是说，个人明确知悉他们在提供哪些数据以及为什么提供这些数据，所有这一切就没有问题。此外，Fitbit 目前还在向英国石油（美国）公司等雇主出售其跟踪器及专业跟踪软件，帮助它们随时跟踪员工的健康和活动状况（前提是已得到这些员工的许可）。事实上，这也是 Fitbit 增长最快的业务领域之一。

在这个过程中，脸书为我们提供了另一个简单的例子。尽管社交网络对用户是免费的，但它们一直在通过广告取得收入。现在，这家公司已开始利用其拥有的大量用户数据，通过向其他企业提供某些用户数据而收取费用。亚马逊在数据商业化方面同样达到了惊人的规模。而且与脸书不同的是，亚马逊的数据涉及我们如何进行大额消费，这对企业来说尤为重要。因此，在找到如何利用数据让我们从口袋里掏出大把钞票的秘密之后，亚马逊就可以帮助其他企业达到相同的目的，从而让这些数据连同其分析工具成为其他企业购买的对象。这意味着，和谷歌一样，我们开始看到由亚马逊平台发布的广告，而且这些广告完全依赖于在过去几年出现在其他网站上的数据。正如《麻省理工技术评论》（MIT Technology Review）所指出的那样，这种模式让今天的亚马逊成为谷歌的竞争对手——两个在线巨头为争夺营销企业的预算资金而展开厮杀。[2]

即便你不是脸书或者亚马逊这样的大数据巨头，即使你不能像 Fitbit 这样生成大规模数据，但数据依旧有可能成为你的关键企业资产。简而言之，只要你能生成数据，那么，你就有可能会发现，数据的价值创造能力或将超出你最初的预期。

2.4 只有正确的数据才是有意义的，并非所有数据都是有价值的

不管你打算如何使用数据，即使你准备把数据视为最重要的企业资产，如果不能为你所用，去收集海量的数据显然不是一个好主意。切记，大数据的优势并不在于数据本身，而是在于如何使用数据。我始终主张，简单地收集数据，甚至是分析数据，并不是数据战略的终极任务。相反，数据战略的核心在于如何从数据中汲取有价值的信息。它的核心是你准备完善的流程，你所能做出的更理智的决策以及你为企业创造的价值。单纯为了数据而收集数据没有任何意义。因此，我们不应无目的地囤积数据，而是要收集你真正需要并让你的企业更有价值的数据。

当然，对于谷歌这种名副其实的大数据巨头，是从来不会丢弃数据的。每一个微不足道的数据都可能是有价值的。它们需要获取和分析每

一条数据，因为任何数据都有可能给它拓展业务带来独特而强大的洞察力。即便是错误，也是它们获取和分析的对象。譬如，你可能会认为，拼写错误的单词和搜索查询中的错误是可以忽略不计的，但你错了。谷歌同样要获取这些数据，并利用这些数据创建世界上最好的拼写检查程序。不能忽略的是，谷歌和亚马逊这样的巨头可以凭借其专有技术、雄厚的资金和先进的技术来处理海量数据。它们拥有足够的存储能力、人力资源、分析技术和专用软件对所有数据进行挖掘，以获得有价值的洞见。大多数公司，哪怕是大型组织，永远都无法达到这种程度。当然，它们也没有必要做到这样。我相信，保持专注才是最合理的选择。

因此，没有必要去收集尽可能多的数据，尽可能收集你为实现目标所需要的数据，才是更明智的选择。尽管制定全面的数据战略会有助于你做到这一点，但最重要的是要不断审视这一战略，以实现精益行动并专注于结果。

但如果你希望把数据当作资产，或者试图通过数据销售来创建新的收入来源，那该怎么做呢？收集尽可能多的数据难道不是好主意吗？其实不然。即使把数据视为资产，但你仍要非常清楚地认识到，你到底需要收集什么类型的数据以及应该把数据出售给谁，以确保能收集到最有价值的数据。

只需看看市场对正版流媒体音乐服务平台 Spotify 的强烈反应，我们即可理解，为什么说为了收集数据而收集数据不是个好主意。2015 年，Spotify 公司发布了新的隐私政策。在新条款中，Spotify 声称有权进入你的手机，并访问手机中的照片、媒体文件、GPS 定位、传感器数据（比如你的行走速度）和联系人。此外，新条款还允许 Spotify 与广告商、音乐版权的所有者、移动网络和其他"业务合作伙伴"分享这些数据。当然，这项服务的免费版本源于广告收入的支持，但这些条款也适用于该平台的 3 000 万付费用户。为此，用户迅速做出了抵触性反应。一场声势浩大的抗议在 Twitter 和其他社交网站上爆发，用户声称，他们宁愿退订这项服务，也不会接受新条款。

造成这个后果的部分原因在于，新的隐私政策对于要收集哪些数据、收集的时间、方式以及共享数据的对象并未做出明确。这种透明度匮乏带来的强烈抵制促使公司首席执行官丹尼尔·埃克（Daniel Ek）发表道歉声明，并澄清了公司的立场和意图。[3]其中就包括如下承诺："在获取这些数据之前，我们会征求您的明确许可，而且我们只会将这些数据用于为用户定制 Spotify 体验这一特定目的。"

2.5 为数据提供强有力的商业案例

除决定如何使用数据以外，创建强大的数据战略的另一个重要部分，就是提供一个极富说服力的商业案例，从而为组织使用数据奠定基础——譬如，制定各类商业计划，并在整个组织中贯彻计划的关键要素。我认为，这是让人们合理使用数据最重要的一个部分。如果你的员工认识到数据带来的诸多可能性，并为之而感到振奋，那么，他们就更有可能接受你的创意。

在为大数据提供依据时，有些细节是不容忽视的。这其中就包括对数据战略及其目标的概述，即组织希望通过数据发现或实现的目标。另外，你还应明确大数据可以为企业带来的现实收益，即数据如何帮助你改善业务，或是进行业务转型。同样重要的是，必须明确组织所需要的能力及其任何潜在的技能差距，以及如何主动缩小这些差距（有关数据能力和技能的深入讨论见第 9 章）。最后，客观面对时间进度以及数据战略可能给业务带来的干扰和成本，也是至关重要的。归根到底，为确保为数据战略拟定真正强大的商业案例，最重要的就是不能忽略这些问题，毕竟，使用数据可能需要付出高昂的成本（虽然并非一向如此），而且实施运营改造有可能是破坏性的。

在为企业使用大数据建立起坚实有力的论据之后，你就应该在整个企业内推广和传播这项战略。选择如何在公司范围内普及数据计划取决于诸多因素，例如，公司的规模以及落实新举措的常规流程。尽管并非所有人都需深谙大数据的分析技术和成本，但是将计划浓缩显然是获得整个公司支持的良好开端。

无论怎样强调这个阶段的重要性都不为过：将大数据推销给你的员工，是执行数据战略过程中至关重要的第一步。它让人们对数据建立信心。假如你正在使用数据来改善整个公司的决策，那么，这一点更是尤其重要。当员工认识到数据对组织的价值时，他们就更有可能将数据纳入到未来的决策中。但是，你必须规划好如何使用数据，并让组织中的每个人都能接受使用数据这一总体想法。有关在组织中培育数据文化的更多讨论，请参阅第 11 章。

注解

1. Cath Everett（2015 年）：英国于本年度在物联网业务运用方面实现突破性发展，《计算机杂志》（Computer Weekly），原文见以下网址：
   http://www.computerweekly.com/feature/British-breakthrough-for-IoT-based-business-applications-this-year

2. Tom Simonite（2016）：谷歌和微软希望所有公司都能通过人工智能审视你的一举一动，《麻省理工技术评论》（MIT Technology Review），8 月 1 日，原文见以下网址：
   https://www.technologyreview.com/s/602037/google-and-microsoft-want-every-company-to-scrutinize-you-with-ai/

3. Spotify 首席执行官丹尼尔·埃克发表致歉的原文见以下网址：
   https：//news.spotify.com/us/2015/08/21/sorry-2

第 3 章　使用数据改善商业决策

数据正在成为决策过程中越来越重要的输入变量，而改善决策质量或将成为当下企业使用数据最常见的方式。这是一个大类，它涵盖了数据可帮助组织做出更优决策的所有方式。在这里，"人"是一个关键词。在这种情况下，我们认为，数据用户是指人类。也就是说，我们所讨论的并不是基于数据指令自动执行操作的机器（例如，基于数据和算法自动生成的亚马逊产品推荐）。在本章里，使用数据仅指组织的人解释数据以便于做出更明智、更理性决策的过程。从实质上说，更明智的决策就是能让组织更接近于实现战略目标的所有举措。

我认为，数据应成为所有企业决策的核心，不论其规模大小，也不管属于哪个行业。当然，尽管经验和直觉在高质量决策中发挥了一定的作用，但是在当下竞争激烈的商业领域，这还远远不够。数据可以为企业未来的成功提供不可或缺的优势。数据给它们带来了有价值的洞见，帮助它们回答诸如"我们的顾客满意度如何"之类的关键性经营问题，并将这些洞见转化为改善业务的决策和行动。

3.1　明确你的关键性业务问题

如果你不清楚自己到底需要什么，当然也就无法确定自己到底需要什么样的数据。拥有高度清晰的目标有助于你最大限度地利用数据。这也是为什么以数据为基础的决策过程总是从同一个起点开始：识别你的关键业务问题。关键业务问题（如果你愿意的话，也可以称之为战略问题）是所有尚未解答、与你的业务核心领域及目标相关的问题。换句话说，"为实现你的战略目标，你必须知道的是什么？"专注于关键性业务问题，可以帮助你深入了解真正需要的数据，因为只有清楚必须回答哪些问题，你才能更容易地判断，回答这些问题需要哪些数据。

为此，我建议深入了解组织的如下四个关键领域，以确定你的基本目标和关键性业务问题，这些领域是：顾客、市场和竞争者，财务，内部运营，以及人员。下面，我们将依次探讨这四个领域。当然，你可以选择同时审视这四个区域，也可以强调某个特定区域（比如表现不佳的领域）的某个方面。无论采取哪种方式，其过程都是一样的。首先，你需要列清你在这个业务领域设定的战略目标（即你正在努力实现的目标），然后，确定与这些目标相关的问题（即要实现这些目标，你需要知道什么）。如果你已经制定了一个全面性战略规划，那么，你就可以轻而易举地识别出与公司目标相关的问题。例如，如果你的目标是增加顾客群，那么，你的关键性业务问题可能包括："我们目前的顾客是谁？""最有价值的顾客群体有哪些人口统计特征？""我们的顾客在整个生命周期中的价值是多少？"等。

在确定了这样的问题清单之后，你可能还要花一些时间来优化和缩小这个清单。例如，包括 100 个问题的清单显然过于冗长，在实践中基本是不可行的。因此，我建议，假如你正在审视全部四个业务领域，那么，可以尝试将这个清单缩小到每个区域的前 10 个问题（如果你列示的问题小于 10 个，那当然更好了）。换句话说，如果你只能回答部分问题，你会选择回答哪些问题呢？也就是说，无比专注于对实现总体战略而言最重要的关键问题。其他问题往往都是可以随时回答的。

如果你强调的是某个特定业务领域，那么，可以根据需要建立一份不超过 25 个问题的清单。不过，在只强调某个领域的情况下，一定要关注这个领域对其他核心领域可能带来的潜在影响。例如，假如你只关注与顾客相关的问题，那么，就需要考虑决策对财务、运营和人员方面的影响。

3.1.1　好问题带来更好的答案

在《银河系漫游指南》（The Hitchhiker's Guide to the Galaxy）一书中，作者道格拉斯·亚当斯（Douglas Adams）描述的场景是：一个生物种族建造了一台超级计算机，用来计算"生命、宇宙和万物"的含义。经过数百年的计算，这台计算机宣布，它得到的答案是"42"。面对这个种族的一致抗议，这台计算机冷静地告诉他们，既然现在已经有了答案，那么，他们唯一需要做的，就是知道真正的问题是什么，而这项任务显然需要一个更强大、更复杂的计算机。

这也是我们为什么会认为，以正确的问题为起点才是最重要的。如果你从一个简单问题开始，而且随后只需收集到能直接回答这个问题的数据，那么，数据就会突然变得非常易于管理。在这种情况下，你没有必要再去关心所有可能的数据来源以及所有可以得到的新型数据。你只需专注有助于完成眼下任务的数据即可。由此可见，找到正确的业务问题是一种极富效率的方法。因为正确的业务问题可以帮助你了解哪些事情是重要的，哪些是不重要的。正确的业务问题有助于确定对公司而言最重要的事情是什么，从而为随后的讨论提供指南。最重要的是，这些可以帮助人们做出更明智的决策。

如下示例揭示出明确业务问题的好处。我曾和一家小型时装零售公司合作，这家公司拥有的数据仅限于传统的销售数据。它们想提高销售额，但缺少能帮助它们实现这个目标的数据。于是，我们共同找出它们需要回答的具体问题，包括：

- 每天实际上会有多少人经过我们的店铺？

- 有多少人会停下来观看橱窗，观看的时间有多久？
- 在停下来观看橱窗的人当中，有多少人会走入店内？
- 在走入商店的人当中，有多少人会购物？

为了回答这些问题，我们首先在商店的橱窗中安装了一台跟踪手机信号的小型监测设备，统计所有经过商店的人数（更确切地说，是每个携带手机的人，毕竟，在当下，几乎每个人都会随身携带手机），这就回答了上面的第一个问题。此外，传感器还能测量出有多少人会停下来观看橱窗，观看的时间有多长，以及随后有多少人走进商店，这些数据可以回答第二和第三个问题。我们可以以用常规的销售数据记录有多少人确实进行了购物。将来自橱窗传感器的数据与交易数据相结合，我们就可以计算出转化率和测试橱窗展示的商品及其不同报价，以查看哪些商品和价格有利于实现销售。通过了解吸引顾客驻足并走入店铺的因素，这家零售商提高了商店的销售额，此外，它们还根据数据关闭了一家门店，从而大幅削减了开支。这些传感器可以最终告诉它们，市场研究公司提供的这家门店在开业前的客流量数据是错误的，因为过往人流量根本不足以支撑门店业务。

3.1.2　针对顾客、市场和竞争者的问题

这个问题与组织的销售及营销职能密切相关，其实质就是找出能帮你全面了解顾客、市场和竞争对手的问题。因此，你必须考虑，你对组织战略所定位的客户（包括顾客行为、模式和细分）以及目前所处的市场了解多少。此外，你还要考虑，在实现战略目标的过程中，你可能要遭遇哪些竞争，可能要面临哪些风险。在这方面，主要业务问题可能包括：

- 我们所在的市场有哪些关键性趋势？
- 我们的产品或服务需求是否存在增加或衰减的趋势？

- 我们的产品在未来五年是否仍有需求？
- 我们应放弃哪些市场以及应在何时放弃？
- 有些客户为什么不购买我们的产品？
- 客户的购买模式和期望是如何转变的？
- 我们如何更合理地进行顾客细分？
- 我们的主要竞争对手是谁？为什么？
- 我们怎样才能合理地对产品或服务进行定价？
- 哪些营销或销售渠道是最有效的？
- 我们的品牌与竞争对手相比如何？
- 顾客对我们的服务满意度如何？
- 顾客关系的平均长度和价值是多少？
- 我们的顾客如何在社交媒体上与我们进行互动？
- 关键性客户流失的趋势是什么？

例如，虽然你可以通过不同渠道接触到市场的不同细分，但重要的是，你必须了解哪些渠道运转良好，哪些渠道效果不佳，以便做出更合理的营销决策。我们可以利用很多现有的渠道和方式推销自己的产品和服务，从传统的平面广告、公共关系、媒体和直销到非传统的游击营销、网络营销和社交媒体等。但了解哪些渠道能有效地推销产品才是最重要的。（正因为如此，在营销领域流传着一句老话：营销消费中的 50% 是浪费，但问题是我们不知道哪些费用属于这 50%！）营销渠道分析必须考虑成本和投资收益，只有这样，才能更有效地使用营销预算。它有助于我们回答"哪些类型的营销能更有效地吸引客户""最有效的营销渠道是什么"或者"线上营销是否比线下营销更有效"等业务问题。

假如说，营销渠道分析表明，对你来说，最有效的营销方法是直销，它给你带来了始终一致的高响应率和非常可观的投资收益。线上营销排在第二位。然而，如果考虑到成本，线上营销活动就成为显而易见的赢家了，因为这种方式带来的收入虽然不是最高的，但实施成本却要比线下营销低得多。因此，明智的商业决策就是将更多资源投入到线上营销活动中。假如没有数据和分析，这一点或许还不会如此明显，而且公司还会继续为代价不菲的直销投入更多资金。

我们通过几个真实生活中的例子，看看数据如何针对顾客、市场和销售提供有价值的洞见。凭借拥有庞大的用户网络，美国第三大移动运营商斯普林特公司（Sprint）可以访问大量的用户数据。三年前，公司成立了一家子公司 Pinsight Media，以期充分利用这些数据并为广告决策提供信息。Pinsight 的首席技术和数据官贾森·戴克尔（Jason Delker）向我解释说，移动网络数据拥有独特的价值，因为它可以直接关联到真实的付费客户。在线生成的大部分数字信息与实质性不大的电子邮件地址相关联，因为只需有限的信息甚至是虚假信息，用户即可轻而易举地轻松设定电子邮件。但移动网络用户的数据更有可能对应于真实的人（在开立账户时，可以通过信用记录等核查他们的可信度）。

以 GPS 位置数据为例。如果你使用的是 Android 手机或 iPhone，那么，应用程序的开发人员（在得到你授权的情况下）就可以查看你的位置，并根据你的地理位置和日常工作数据为你提供相关的服务或广告，但他们并不能跟踪你。他们追踪的只是电子邮件地址，这些地址可以使用伪造细节设置，而且可以在不同设备或用户之间实现共享。相反，Pinsight 则将位置数据与付费过程中获取的经过验证的人口统计数据关联起来。对此，戴克尔解释说："这样做的结果是，根据对特定订阅用户掌握的信息，我们可以更好地判断应投放哪些类型的广告。"有趣的是，他们已经发现，这些自动生成的数据往往明显不同于 Pinsight 的数据，后者是经过网络数据验证过的。这表明，基于自动生成数据的广告可能与用户无关。

除位置数据之外，Pinsight 还利用其网络技术和基础设施来验证人口统计数据及顾客行为数据。例如，公司可以知道用户正在其设备上使用哪些服务，比如脸书或 Twitter 等，以及使用时间有多长（当然，其内容或者说使用该服务的方式始终保持加密状态）。这显然有助于它们更多地了解用户行为。

显而易见，对于这种详细和私密的个人数据，隐私是非常重要的。考虑到这一点，Sprint 和 Pinsight 决定，所有项目均取决于用户的选择。正如戴克尔所言：

"对我们来说，最重要的一件事就是对数据的选择性接受或者选择性排除。在美国的四大无线运营商中，Sprint 是唯一默认选择排除所有人的公司。我的意思是说，从根本上说，在未经授权的情况下，我们不会使用用户的行为数据向其投放有针对性的广告。我们会尽力说服用户，而且这始终不难做到。如果用户真的让我们使用这些数据，我们就会向他们发送更有意义的东西，这样，广告就不再是麻烦，更多的成为一种服务，因为消费者会很理智地看待这个事实：这种类型的服务有利于运营商核心服务的资金运营，能有效地降低成本。"

通过这种方式，Sprint 和 Pinsight 告诉我们，无须试图欺骗用户放弃个人数据即可收集大量数据，这一点非常重要，我们将在第 10 章探讨更多有关透明度和隐私的问题。至少就目前而言，我们可以得到的观点是，如果你打算公开你要如何使用这些数据，以及用户为放弃个人数据而得到什么回报，那么，你最终会因此而得到更多（因而也是有价值的）数据。而这对 Sprint 而言尤为重要。自 Pinsight 成立以来的三年时间，这家公司每月的广告播放次数已从 0 增长到 60 亿次。

另一个例子则非常有趣，它揭示出如何利用数据为决策提供依据，而且这个例子来自似乎不太可能的来源：2016 年的英国温布尔登网球锦标赛。主办方投资进行了高级分析，以便吸引网球迷关注他们的社交媒体和在线平台。像温布尔登网球锦标赛这样的重大事件，自然会引来成千上万的社交媒体和在线评论。如今，利用 IBM 的沃森分析平台，我们可以对全部数据进行分析，找出最能吸引球迷的故事，了解他们最想看到的内容类型，而后利用这些信息引导内容创作。有趣的是，沃森并不只是被动利用已经发生的趋势，相反，它更善于追踪刚出现雏形但尚未成为 Twitter 热门话题的趋势，例如，来自某个国家的选手均有令人意外的优异表现。

这样的分析有什么价值呢？2014 年，来自加拿大的三名选手——米洛斯·拉奥尼奇（Milos Raonic）、尤金妮·布沙尔（Eugenie Bouchard）和瓦塞克·波斯皮希尔（Vasek Pospisic），均首次打入重大赛事的半决赛。这引发了关于加拿大的网球以及这些（看似一夜之间的）成功到底从何而来的大量出乎意料的讨论。相应地，广播电视公司和媒体也只能被动地加入这场讨论。通过预先引发这种趋势性话题，媒体团队可以量身定做其投放的内容，解释加拿大选手为什么会在突然之间集体爆发。正如主办年度大满贯赛事的全英草地网球（All England Lawn Tennis）和门球俱乐部（Croquet Club）通信、内容和数字业务负责人亚历山德拉·威利斯（Alexandra Willis）所言："我们当然希望能监测某个场地的某个特殊热点，或是在某一位选手引发特殊话题时，我们能抢先一步报道这一趋势。"使用这些信息，内容团队就可以撰写出与此相关的社交媒体评论、提醒和报告。因此，数据提供了有助于推动编辑决策的洞见。

你可能想知道，社交媒体评论为什么会与基本以电视播放的传统网球赛事联系到一起呢？在撰写本书时，全球电视观众约为 3 亿人，而全部数字平台的观众仅为 3 000 万人左右。但温布尔登组委会还是拿出大笔钱，投资于这一小部分通过数字方式参与网球赛事的球迷，因为他们很清楚，这个数字未来极有可能会大幅增长。因此，他们是在确保以最合理的方式为不同客户群提供服务。正如威利斯所解释的那样：

"有些观众喜欢坐在电视机前花几个小时看完网球赛，这是一个非常重要的球迷群体，但也有观众喜欢在比赛期间或是在工作时接受个性化赛况播报，或是打开脸书界面观看网络直播。因此，我们面对的最大挑战，就是尽可能地以最优方式为所有平台上的每一位观众提供服务，与此同时，确保我们能真实体现温布尔登的本来面目以及我们的目标。"

通过这种方式，数据为温布尔登的未来规划提供了依据，并在拥挤不堪的体育媒体行业中紧跟潮流。

3.1.3 有关财务的问题

这些问题的目的，就是考虑你对目前战略在财务上的影响以及对尚未解决的问题了解多少。它们的实质就是识别和预测关键性财务指标，如收入、现金流量和股价表现等，具体而言，就是确定哪些事情是你确实清楚的，哪些事情还仅仅是基于猜测或假设的。了解你还没有解答的财务问题，你就可以使用数据提高认知的确定性，进而做出更明智的决定。

关键性财务问题可能包括：

- 我们的战略是怎样创造资金的？
- 在实施战略计划时，我们对收入、利润和增长采取了怎样的假设？
- 我们的主营业务销售、收入及利润趋势如何？
- 让我们获利最多和获利最少的顾客是谁？
- 最赚钱和最不赚钱的产品或服务是什么？
- 我们的现金周转期是什么样的？
- 在未来 12 个月内生产和交付产品和服务需要多少成本？

● 我们未来 12 个月的股价可能会是怎样的？

● 我们当下最有可能降低成本的机会在哪里？

例如，你希望进一步了解利润率最高（和最低）的客户。在经营中，我们经常采取这样一个假设：所有顾客对我们而言都是好顾客，但情况并非总是如此。顾客的盈利能力往往遵从于帕累托原则，或者说"80/20"规则，也就是说，20% 的顾客就有可能给我们带来 80% 的利润。相反，在你的顾客中，可能会有 20% 的顾客让你花费了全部相关成本中的 80%。明确这 20% 到底是谁很重要。如果不能区分让你赚钱的顾客和让你赔钱的顾客，那么，你就有可能对全部顾客一视同仁，这自然会降低你的总体盈利能力。

在对全部顾客划分之后，你就可以为每个细分群体量身定做相应的营销口号和服务方式。顾客盈利能力分析可以帮助你深刻理解顾客的购买习惯以及向他们提供产品所产生的成本。掌握了这些知识，你就可以关注那些真正能给你带来利润的客户（而且有可能鼓励那些让你赔钱的顾客转向你的竞争对手），从而将重点转移到盈利能力最强的细分群体上。

通过了解某些客户群体的盈利情况，你还可以对每个群体进行分析，寻找它们之间的相似之处，如他们居住在哪里，他们最初购买的是什么商品，以及他们是从何处了解到这种商品的。例如，你可能会发现，盈利能力最强的客户都是因为看到某本杂志上发表的某个广告而第一次购买产品的。这种洞见就可以为你以后的营销活动提供依据，以期吸引更多能给你带来利润的顾客。由此可见，顾客盈利能力分析能帮助你回答更多的问题，而不仅是"让我们获利最多和获利最少的顾客是谁"这个简单问题。此外，它还可以帮助你回答"我们的营销活动如何会带来冲突"以及"各销售人员和地区之间相比较的情况如何"等问题。

假设你的业务就是向大型制造商提供电子器件。多年以来，你的数据库里可能已经积累了多达 1 万名客户。通过使用顾客盈利分析，你可以根据产品、地区、销售量、销售频率和顾客服务投诉等多种指标将这 1 万名顾客进行划分，划分为从某个指标排在前 10% 到排在最后 10% 的群体。例如，你可能会发现，销售团队喜欢某个特定客户（并在这个客户身上花费了大量时间），因为他们经常购买你的产品，但是根据他们所需要的售后服务水平，这个客户实际上是在让你赔钱。因此，虽然这个客户表面上看来非常不错，但他们总是耗费大量的时间来质疑和抱怨产品，或者说，向他们提供产品是赔钱的。清楚了这一点，你就可以指导销售团队将重点转向其他盈利性更强的顾客。

即使是非营利组织也可以得益于盈利能力分析。它们或许没有这样的"客户"，但非营利组织也有自己的"用户"。此外，这些组织肯定也需要认真控制成本，并尽可能地实行预算管理。例如，我曾为英国国家卫生局（NHS）进行过一些工作。利用顾客盈利能力分析，我们发现，仅仅 5% 的患者对事故和急诊部进行了超过 200 次的"造访"。如果你喜欢的话，不妨将他们称为"超级用户"，显而易见，他们喜欢向事故和急诊部提出各种稀奇古怪的问题。通过精确识别这些超级用户，工作人员就可以为他们提供特殊帮助，从而将宝贵的资源用于其他用户。

在另一个例子中，凯撒娱乐公司（Caesars Entertainment）则使用数据分析技术了解顾客基本状况，以及他们在度假方面的开支是多少。公司经营的酒店和赌场遍布全球各地，其中就包括拉斯维加斯最著名的赌场。但最近，这家公司却遭遇危机，部分业务已面临破产，而且还因会计账务违规而被罚款 150 万美元。但是在诉讼期间，人们却逐渐发现，公司自认为最有价值的单项资产是它们的客户数据库，该资产的价值甚至超过其房地产投资组合。它们的客户数据库包含了全球 4 500 万名酒店和赌场客户的数据。

凯撒公司（旧称为哈拉斯集团）斥巨资开发大数据和数据分析，使得它们能深入了解顾客，当然，也在鼓励他们继续花钱。从赌场收入上看，美国的赌博业多年来持续下滑。为增加收入，赌场经营者不得不另谋出路，它们已开始将目光转向饮料、食物和娱乐等方面。

考虑到这一点，凯撒公司实施了"凯撒总收益"模式，收集顾客在公司设施周边活动以及参与各种娱乐休闲而形成的行为数据。此外，它们还刻意获取社交媒体数据，鼓励赌场玩家将他们的脸书账户与"总收益"账户链接起来，积极登录社交网络，将他们在旅游地拍摄的照片发布到网络空间。得益于这种深度的客户数据，凯撒公司将顾客进入赌场内进行消费的比例从 58% 提高到 85%。一个重要的发现是，公司的绝大部分业务收入（80% 的收入和近 100% 的利润）并非来自资深赌徒、正在度假的超级富豪或是好莱坞明星，而是来自每天造访型消费者每次造访形成的 100 美元到 500 美元的平均开支。通过识别最忠实客户的价值并在此基础上对他们予以奖励，公司得以不断提高顾客满意度，并鼓励顾客进行重复消费。

3.1.4　有关内部运营的问题

这部分内容与第 4 章存在着某些无法规避的重叠，然而，尽管第 4 章的大部分内容是关于将数据直接输入到你的内部系统中，但这部分内容在于解释这些数据并据此制定运营决策的人。在这个问题上，你需要考虑的是如何通过内部操作落实战略。因此，讨论的很大一部分内容在于，评估哪些供应商、分销商、合作伙伴或其他中介机构对于战略的实施至关重要。此外，这个问题还涉及你的内部系统和能力，以及为实现战略目标需要对它们进行设置的程度。

运营业务方面的问题可能包括如下几项：

- 我们目前是否正在与合适的机构进行合作，以实施我们的战略？
- 我们的产能瓶颈是什么？
- 我们应如何优化供应链？
- 我们是否应充分利用现有设备或机器的产能？
- 哪些供应商最不可靠，为什么？
- 我们是否拥有匹配的 IT 系统？
- 业务的哪个领域最有可能出现欺诈行为？
- 我们可以让运营的哪些部分变得更有效？
- 我们面对的关键质量问题是什么？
- 我们的项目按时按预算交付的概率有多大？
- 我们的业务对环境会产生什么影响？我们应如何减少这些影响？
- 我们能在多大程度上以最有效的方式使用现有建筑物？

我们不妨以项目绩效为例——毕竟，大多数战略性变革行动都是通过项目或程序兑现的。因此，重要的是了解产品或服务在时间、预算和产品质量等方面的绩效。项目及程序分析的内涵，就是评估内部项目及程序的可行性和有效性，并据此在未来对它们予以完善。项目和程序分析有助于完美回答诸如"我们的项目或程序能在多大程度上按时交付"、"能在多大程度上按预算交付"以及"能在多大程度上取得预期结果"等业务问题。

无论项目或程序的规模有多大或多小，在没有任何后续评估的情况下实施，都有可能招致灾难性后果，遇到困难几乎是难以规避的宿命。项目失败的方式有多种多样。众所周知的例子包括 2007 年在伦敦落成的温布利球场（Wembley Stadium），该项目整整比计划推迟了四年；当然，还有标志性的悉尼歌剧院，最初的计划是在 1963 年建成，投资 700 万澳元，但实际上在 1973 年才投入使用，实际耗资更是高达 1.02 亿澳元。连接英法两国的英吉利海峡隧道则超过原预算的 80%，但是和波士顿的

"大坑"隧道建设项目相比，英吉利海峡隧道显然是小巫见大巫，后者的实际投资足足超过预算的 275%，或者说，多花了 110 亿美元。通过项目及程序分析，企业可以迅速识别出偏离正轨的蛛丝马迹，并及时采取纠正措施；或者说，让企业理解导致项目成功或失败的诸多原因，并将这些洞见应用于未来项目。如果一个组织要实现其长期目标，那么，这两个因素显然是至关重要的。

我们曾在前面的章节中提到过供应链分析，因为它是一种使用数据的高效方式。供应链分析的目的在于找出节约成本、改进或提高收益的机会，并确保你的顾客能尽快取得所订购的产品。了解企业在向供应商采购商品到最终将商品发送给顾客这段时间内发生的事情，你就可以更好地控制成本，对你的产品或服务合理定价，在实现盈利的同时让顾客感到满意。

供应链分析的一个真实示例来自于与我们合作的一家大型饮料制造商。它们迫切希望了解整个供应链从生产到分销，再到零售商这个过程中的损耗率。换句话说，它们想回答这样一个问题："我们产品损失最多的环节是什么，是产品破损还是偷窃？"它们的计划就是找出问题所在，并据此制定相应的业务流程或是改善包装，以避免今后的成本损耗。通过一些深入的供应链分析（使用跟踪传感器、图像分析和访谈等），我们认为，这家公司的供应链实际上是非常安全的。我们发现，绝大部分损耗发生在零售环节——有人正在从超市里偷走他们的商品。根据这些信息，公司决定与超市合作，以确保更好地标记产品，通过这个手段，它们的商品损耗大幅降低。

3.1.5 有关人员的问题

你的员工或许是你最重要的（也可能最宝贵的）资产。在某些行业中，吸引适当的人才已成为在竞争中取得成功的关键。因此，评估你是否拥有适当的人才、如何吸引最优秀的人才以及如何留住这些人才，是永远的商业哲理。员工分析不仅有助于你解答这些问题，甚至还能提供有价值的洞见，从而为关键性的人员决策提供依据。

与人员相关的业务问题可能包括：

- 企业的核心竞争力是什么？
- 我们的企业目前存在哪些能力差距？
- 我们在未来两年需要哪些关键性技能？
- 我们的员工参与度如何？
- 我们在招聘员工过程中的有效性如何？
- 我们的员工有闲置能力的程度如何？
- 员工的生产效率如何？
- 我们最成功的招聘渠道是什么？
- 针对某些职位最具有成本效益的招聘渠道是什么？
- 员工离职的主要原因是什么？
- 哪些员工存在离职风险？
- 我们员工的行为是否符合我们所预期的文化？
- 我们的员工对领导力的评价如何？

例如，针对员工流失情况的分析可以让你对员工的流失率进行评估，并对未来的流失率做出预测，这样，你可以提前介入并减少员工的流失；合理开展员工招募，为他们提供培训，然后，将他们整合到企业中，并加快他们的适应速度，从而节约组织为这个过程投入的时间和金钱。如果这笔投资因太多员工离职而遭遇失败，就会给产品或服务的质量、顾客满意度、员工士气、生产效率以及收入等方面带来不利影响。所有这一切，都有可能对企业实现其战略目标的能力造成巨大影响。

员工流失分析有助于你回答"我们的员工满意度如何"之类的业务问题。尽管以往的历史性员工流失率可以作为参考，但真正有意义的做法还是将本企业的情况与行业平均水平进行比较，从而找出规律。当然，员工流失分析最有价值的一点，或许就是可以帮助你回答"员工为什么离职"这样的问题，一旦找到原因，并意识到"哪些员工未来有可能会离职？"，你就可以采取内部措施解决这个问题，改善企业和员工的关系。

例如，你经营着一家纺织制衣公司。你雇佣的人员技术娴熟，人员一旦离开，就很难找到能替代他们的人，而且这种难度越来越大。最近，已经有更多的人陆续开始离职，这让你变得非常惊慌，因此，你决定针对员工流失情况进行分析。你聘请一家独立研究机构，对过去六个月内离职的员工进行了访谈。访谈结果让你认为，这些雇员是被其他企业承诺的高薪所吸引的。你拥有一个知名品牌，而且你知道，员工为能在你的公司里工作而感到自豪，但还是有很多因素让他们选择离开。至少你是这么认为的。

显然，针对离职人员进行访谈得到的数据并不具有结论性。即使这些人已经离开，但他们显然不会愚蠢到破釜沉舟的地步，毕竟，在一个小镇上，就业机会是有限的，所以，他们大多会以"哦，我觉得是到了换工作的时候了"或者"我只是想挑战一下自己"之类的理由作为搪塞。但是，当研究人员回顾他们的绩效评估信息并引入社交媒体数据时，我们就有可能看到一种完全不同的情况。例如，在车间，某个管理人员已成为员工逃之不及的恶魔，只要未能按期交付产品，他就会斥责手下人。因此，员工流失的罪魁祸首就是这个管理者，他对团队更多的是负面影响。基于此，你可以决定将这名管理人员调离岗位，使之不再直接接触公司的高级技术员工。

这里有一个来自谷歌的真实案例。公司着手研究管理人员是否确实重要（在被过高估值的高科技岗位上，管理人员的巨大作用是显而易见的），为此，公司提出了一个简单问题："管理人员是否真正给谷歌带来了正面的影响？"为回答这个问题，调查人员回顾了绩效总结和员工调查，并将管理人员的绩效概况绘制在图表上。

就总体而言，这些管理人员的业绩在图表上高度集中，均有不俗表现。于是，调查人员把全部数据分割为几个部分，并且只考察绩效排在前 1/4（最佳）和后 1/4（最差）的管理人员。他们从团队效率、员工的幸福度如何以及员工在公司待下去的可能性等方面考虑，对最佳及最差管理人员的绩效进行了分析，结果令人吃惊。在图表中，大多数管理人员的绩效结果出现了高度集中的分布，但进一步调查则揭示，在绩效集中区域内，最佳管理人员和最差管理人员之间显示出统计学上的显著性差异。这就清楚地回答了这样一个问题：管理人员确实给谷歌带来的影响是积极的。

了解到这一点固然令人兴奋，但它并没有给公司带来任何真真切切的改变。于是，他们又提出了一个希望解答的新问题："在谷歌，哪些因素能造就一名优秀的管理人员？"为了回答这个新问题，他们进行了两项定性研究，一项研究是针对管理人员的直接下属，另一项是和他们相关的其他人。基于这些数据，他们总结出管理人员对谷歌产生最大影响的八种行为，其中包括"是一名优秀的辅导员"以及"对团队有清晰的认识"等。此外，相关数据还凸显了三种有可能导致管理人员难以服众的行为。所有这些结论共同勾勒出一个完整的早期预警系统，判断谁是优秀的管理人员，谁是难以称职的管理人员，进而提高整个组织的管理绩效。

3.2 数据的可视化及沟通洞见

在使用数据提高决策质量时，数据的用户（如果你喜欢的话，也可以称之为数据顾客）是人。而且整个过程的内容是人通过解释数据，做出更明智、更有依据的决策。请记住，除非将数据转化为洞见和行动，否则，数据几乎是没有价值的。这意味着，我们必须保证尽可能简单地从数据中提取洞见，并据此指导我们的行动。理解数据并从中提取关键性洞见的过程越容易，依据数据制定决策并采取行动这个过程也会变得越简单。正因为如此，近年来，数据的可视化及沟通技术日渐成为一个重要的热门话题。数据沟通可以采取多种不同方案，其中包括简单的图形（如条形图）、文字报告、提高数据吸引力和可理解性的商业数据可视化平台，以及可根据需求随时为员工提供必要信息的管理仪表板。

无论是在所需要的数据类型还是数据的使用方式上，不同的受众会有不同的需求。因此，在考虑数据的传播和沟通时，最重要的就是要确定谁将有权访问数据（或是从数据中得出的洞见）——这就要求你对数据的"客户"及其要求做出定义。例如，什么格式最适合你的员工？他们将如何访问信息（网络界面、报告和仪表板等）？访问的频率如何？了解这些问题的答案，会有助于你为企业选择正确的数据可视化及沟通工具。本章稍后将探讨部分实用工具的例子。

3.2.1　是否每个人都应有权访问数据

我发现，围绕着沟通数据问题存在一种两难困境。一些最成功的公司之所以能成功地运用数据，完全是因为组织中的每个人都在投资于数据，都有权访问数据并利用数据为决定提供依据。因此，最理想的情况是，让公司中的每个人都能访问数据，这样，他们就可以解读和分析数据，并据此做出更合理的决策。但是在现实中，这种方法并非总能奏效，因此，还是有必要为数据沟通推行某种核心协调机制。由于人们往往会以不同的方式解读数据，这就促使我们接受这样一个事实：只有提供某种形式的帮助，人们才有可能从数据中提取关键信息。因此，我建议采用一种混合方法：在整个公司范围内提供最广泛的数据访问权，鼓励人们使用数据为未来的业务决策提供依据，与此同时，在公司最高层面提供一个总体性指南，对关键性洞见和主导性趋势做出提示，当然，所有这一切就是为了保证关键性信息能被每个人理解。

今天，人们开发出越来越多的工具和服务，为整个组织范围内的数据分析提供便利。由此也催生出"民间数据科学家"（citizen data scientist）这个词。例如，从事零售业的西尔斯公司（Sears）最近就授权其商业智能（BI）业务部的 400 名员工，开展了一项以数据驱动的高阶顾客细分项目——这项工作此前都是由专业的数据分析师进行的。据称，这一举措仅仅在数据准备成本方面就创造出数十万美元的效益。此外，这项计划还让他们对当用户使用网站时向用户推荐的产品种类制定了更好的决策。

还记得第 2 章里提到的迪基烧烤店及其"烟囱帽"数据系统吧？在这样的环境下，最终让用户接受这个系统并将数据引入他们的日常决策显然是一个巨大挑战。毕竟，在公司的一线岗位上，很多人的工作就是做一名优秀的烤肉师，而不是数据分析师。正如公司首席信息官劳拉·里伊·迪基（Laura Rea Dickey）的解释：

"在我们公司内部，人们工作在完全不同的垂直型岗位上。在公司最顶层的办公室，员工身处传统的办公环境，他们的一切工作都是围绕业务现实展开的，随着层级的下降，直到直接面对顾客的一线门店，在这里，我们经营的是烧烤，员工每天都要与顾客互动。因此，建立一个将这些不同类型的用户整合到一起的平台，或许是我们面对的最大挑战。"

对于迪基烧烤店来说，它们的解决方案是以报告仪表板（dashboard）形式出现的，这就使得所有终端用户都能轻而易举地访问和理解其数据。考虑到报告仪表板的使用非常简单，这就意味着，它能更好地融入公司的日常运营中。在一天结束时，易于访问和理解的数据也更有可能转化为实际行动。

在本章前面提到的 Sprint 公司，也采用报告仪表板和可视化工具帮助员工从数据中获得最大收益。正如贾森·戴克尔告诉我的那样：

"在数据方面，'一张图片胜过千言万语'这句话尤为贴切。通过可视化工具，人们可以迅速了解正在发生的趋势、热点的位置、成功的秘诀以及失败的原因，这些信息显然是无价的。"

当然，这并不是说，组织将不再需要接受过高等教育和专业化的数据科学家；相反，我认为，对数据专业人员的需求是永远存在的。但是，如果对整个企业来说取得数据已成为重中之重的任务，那么，除了把数据直接交到需要得到的人手中之外，还有什么更好的办法吗？

3.2.2　告别电子表格，迎接数据可视化时代

我们完全可以说，人类已进入了大数据最尴尬的青少年时期，一方面，更多的企业正在争先恐后地搭上这辆数据彩车，另一方面，它们还试图以过时的工具去实现数据的可视化与沟通；也就是说，人们依旧依赖于电子表格。调查显示，1/5 的企业仍以电子表格作为内部沟通数据的主要工具。电子表格本身没有任何问题，它们在诸多形形色色的任务中依旧发挥着良好的作用。但数据沟通和可视化显然不是电子表格可以发挥用武之地的地方。

在一项针对英国及美国约 2 000 名雇员进行的调查中，过半数受访者表示，了解公司的绩效数据对他们的绩效表现影响重大[1]。换句话说，员工都希望参与到有关公司整体绩效的讨论中，这就意味着，必须在公司的各个层面上进行关键数据的沟通。为实现这个目标，公司就需要找到能帮它们更轻松、更有效地进行数据可视化的手段。电子表格显然还无法承担起这项工作的重任。如果将重要的数据隐藏在电子表格中，就意味着你无法第一眼就看到所有原始数据，这会导致我们很难判断，哪些数据是重要的，哪些是不重要的。但可视化工具可以非常清楚地凸显

出重要的数据或结果。此外，电子表格的初衷是用于存储历史数据，因而很难甚至根本就不可能揭示出动态性趋势或是在较长时间范围内的数据比较。然而，可视化工具是展现趋势路径的绝佳方法。

不过，也并非完全没有好消息：目前仍有功能强大且价格便宜的工具可以让公司以更有效的方式报告数据。比如，Tableau 和 Qlik 就是其中的两个佼佼者，它们为帮助普通受众接受可视化数据提供了便利。而谷歌（Google）则拥有功能超强的 Analytics 360 组件，为企业团队可视化多方面来源的数据以及创建和共享可访问报告和图表创造了条件（最近，它们还发布了针对小型企业及个人的免费版 Data Studio 360 产品）。另外，很多商业分析平台也建立了自己的内置型可视化工具。

目前，数据可视化正在发生着翻天覆地的变化。企业不仅已开始真正认识到数据的重要性，而且也深刻地体会到，将依靠数据获得的洞见清晰无误地传达给组织中的每个人，是同样重要的事情。这对数据未来而言无疑是一件好事；对洞见传播地越充分，数据越有可能带来积极的行动（在这种情况下，体现为更合理的商业决策）。

3.2.3　以视觉与文字的融合发挥最大效果

俗话说，一幅画可以画出千字。因此，视觉方式对于信息的传递而言是非常重要的，因为这种传递方式既快捷又直接，不仅更令人难忘，而且会让传递更有趣（一张图片或许比满满一页文字更有可能吸引读者的注意力）。不过，一方面，如果我们不知道如何解读图像中的信息，那么，图像同样会让人难以理解。另一方面，文字往往拥有非常直接的表面意义，并且简单易懂，只需一段简短的描述，你可以让所有人以同样的方式理解数据。正因为这样，同时使用视觉表现和文字描述所产生的效果要比单独使用其中任何一种方法强大得多。例如，一张详细记录销售历史的图表非常适合分析一段时间内的趋势，但文字描述则可以从中提炼出关键信息，并将这些信息置于相应的背景中——譬如，对趋势背后的基本要素做出解释。

但编写文字叙述显然需要大量的时间和精力。这就使得 Qlik 和 Narrative Science 两家公司最近宣布的合并令人无比激动。Narrative Science 开发的 Quill 软件是一款功能强大的自然语言处理工具，适用于从金融到零售乃至新闻业等各个行业，它可以使用数据创建详细的自然语言报告。Quill 采用的技术是具有开创性的，它不仅能解释数据，还能以近乎人类作家采用的方式进行语言创作，其创建的文字输出几乎看不出任何机器特征。而现在，Qlik 的 Sense BI 平台用户也可以使用 Quill 软件，从他们的数据和可视化结果中创建自动化、智能化的文字。

这意味着，为了提高数据的可理解性，我们可以使用可视化工具对数据进行初步处理。然后，再使用自然语言处理工具将数据提高到另一个层面——文本层面，从而为可视化输出给出简单易懂的解释。这个过程令人难忘：用户只需通过 Qlik 的 Sense 仪表板工具与可视化数据进行交互操作，即可实时看到与数据保持同步的描述性文字。而且这款软件拥有良好的文字创作能力，可以生成清晰、准确而且易于理解的简单文字。考虑到这款工具在提高数据可阅读、可理解方面的强大功能，至少我现在是这样认为的：它有可能成为各种高水平商业智能、分析及可视化平台的标准配置。

3.2.4 虚拟现实和数据可视化的未来

近来，围绕虚拟现实（VR）如何影响数据可视化的方式，引发了大量令人无比振奋的讨论。人类从计算机屏幕上可以吸收的数据量是有上限的。事实上，按照 SAS 软件架构师边克尔·托马斯（Michael D. Thomas）的说法，在屏幕上阅读文本时，我们对信息的吸收能力不超过每秒 1 千位（kilobit, kb）。因此，如果我们的信息接收和处理速度不能同步提高，那么，不断增加信息处理能力，让无穷尽的信息越来越快地向我们扑面而来，实际上是没有任何意义的。

而这恰恰是很多人认为虚拟现实可以发挥作用的地方。当用户身处拥有 360° 视野和模拟三维运动的数字空间时，人类大脑可接收数据的带宽很可能会出现大幅拓宽。这意味着，我们将会更快、更准确地理解复杂数据。

事实上，我们用来接收视觉数据的显示界面早已年久失修。多年以来，显示器屏幕确实变得越来越小，侧重于轻便，但它们采用的技术基本没有发生变化。通过几代计算架构的更替，数据的输入、处理和存储能力确实出现了迭代性增长，但除了分辨率和颜色不断改善之外，屏幕本身并没有出现实质性变化。然而，得益于 VR 硬件的价格不断下降，这种情况正在发生变化。事实上，第一代消费型 VR 头戴设备（脸书独立开发的 Oculus Rift ⊖）刚刚上架。

一些面向数据开发和试验的 VR 应用程序也已诞生。作为使用最广泛的 3D 游戏引擎之一，Unity Studios 正在探索商业数据分析师对其技术的使用。除了可实现越来越复杂、越来越精细的可视化效果之外，升级版技术创造的新功能，无疑有利于用户及时把握重要信息及关键性商业洞见。

注解

1. Simon Whittick（2015），《研究报告：1/4 的雇员离职源自于管理层的无限制扩大》，《Geckoboard》，9 月 21 日，原文见以下网址：https://www.geckoboard.com/blog/research-report-one-in-four-employees-leave-due-to-mushroom-management/#.WGwINnoYPHF

⊖ 一款为电子游戏设计的头戴式显示器。——译者注

第4章 使用数据改善企业运营

尽管绝大多数企业使用数据的初衷是为了提高决策水平，但毋庸置疑的是，数据正日益成为企业日常运营中不可分割的一个组成部分，其核心就在于利用数据让企业的运营更顺畅、更高效——从最初的仓储，到最末端的客户服务，以及两者之间的每一个环节，无一例外。在最基本的层面上，这有可能涉及人与数据的互动，其中，"数据顾客"是指为改善运营流程和行为而解读数据的人。但是在数据增强型运营的内涵中，更多的在于作为数据顾客的机器本身，而不是使用数据的人——至少在业务运营方面，我认为这恰恰是数据的真正价值所在。真正的价值来自能收集优质数据、自动分析数据并根据数据执行操作的机器。机器之间的通信是这个过程中的一个关键要素，它使得系统能在基本无须人为干预的情况下，通过协同运行对流程进行自动化改造和不断完善。正如我们在第1章中所说的，随着传感器、物联网（IoT）、机器学习、深度学习、人工智能和机器人等技术的发展，这一切都已成为可能。

数据可以通过诸多方式改善企业运营，但就总体而言，这些方式可以划分为两大类:（1）优化日常运营流程，即日常运营是如何进行的;（2）通过新服务或增强型服务或者更优质的产品改善顾客供应（customer offering）。至于是两头兼顾还是仅着眼于其中之一，则取决于你的企业。这其中没有任何硬性规则。例如，改进运营对制造业企业而言可能是第一重要的，但对一家服务公司来说或许就没那么重要了。在本章中，我们将详细探讨这两个方面，并辅以大量的真实案例帮助大家理解这个问题的诸多可能性。

在帮助组织实现其目标的过程中，数据体现出最大的威力。如同基于数据的决策（第 3 章），基于数据的运营同样需要与组织的业务目标联系在一起。因此，我们必须以系统方式考察运营过程的每个层面，以确定如何通过流程优化和效率最大化来帮助实现这些目标，并据此分析这些机会的轻重缓急。对大多数企业来说，运营过程的优先领域应包括制造（如监控设备，以识别磨损并减少停机时间）、仓储和配送（如自动库存控制）、业务流程（如监督欺诈行为）以及销售和营销（如预测客户流失）。

4.1 利用数据优化运营流程

使用数据，我们几乎可以优化企业运营的每个方面。不管你是想通过故障检测过程自动化改善制造过程，还是想优化交付路线、定位理想的客户、快速监测欺诈行为或是其他能帮助你实现战略目标的行为，数据都可以成为你的助手。事实上，企业已经在使用数据提高效率、减少浪费、简化流程并增加收入。

4.1.1 数据如何改善制造过程

在现代制造过程中，数据扮演着非常重要的角色。例如，数据和分析可用于质量控制，帮助我们在产品上市前发现产品故障。数据有助于我们消除浪费，并实现持续的流程改进，它甚至还有助于提高产品收益。事实上，一项研究显示，一家生物制药公司对影响疫苗产量变化的 9 个重要参数进行了跟踪。[1] 根据由此取得的这些数据，公司得以将产量提高了 50%，仅在产品的制造费用上就实现了大压缩。

理解制造环节的绩效是以数据强化制造流程最常见的方法之一。通过在制造设备中嵌入传感器，我们就可以收集到有价值的机器数据，帮助我们监督和衡量这些机器的运行状况及效率。在全球各地，制造型企业已经在使用这项技术管理企业运营，它们在提高效率的同时，最大限度地减少了停机时间，帮助它们兑现生产率目标。从传统意义上说，制造设备的维护计划是以时间为基础的，也就是说，只在一年内的特定时间进行停机检修，以"有备无患"的方式进行新零部件的安装（即零部件的更换是自安装以来的磨损时间定期进行的，而不是在确实需要更换的时点及时更换）。虽然这些零部件本身的成本就很高，但如果按固定时间间隔停机几天的话，由此带来的代价会更大。而嵌入机器内部的传感器，则直接与某个零部件或流程实现连接，实时测量温度、压力、运动、振动、近似度以及亮度等各种变量。随后，再将这些数据反馈给监测机器性能的计算机，在零部件需要更换、机器运行处于次优状态或是需要维修时，计算机发出警报。对机器数据的实时监控可以节省大量成本并提高产量，使得维护团队能在机器瘫痪之前采取对策，最大限度减少非必要维修造成的停机时间。

我们既可以在机器和设备中外挂传感器，也可以使用购买时已内置传感器的机器。在很多情况下，传感器的作用只是将机器连接到 IT 系统上，以便于收集和分析数据。很多先进机器已实现了通过 Wi-Fi 或蓝牙进行无线连接，并经常携带软件或应用程序监视和分析数据，这就使得整个过程轻松了很多。

此外，也可以将传感器嵌入你制造的产品中，以便于收集有价值的产品性能数据。罗尔斯·罗伊斯公司就是制造商中将这些数据转化为自身优势的最佳示例。该公司生产了全球近一半客机的发动机，而且每一台发动机都装有嵌入式传感器。这些传感器实时监测发动机的性能状态，每秒测量约 40 个参数，包括温度、压力和涡轮速度等；随后再将全部数据存储到机载电脑中，并通过卫星同步传送到罗尔斯·罗伊斯的总部。在公司总部，电脑对数据进行筛选，以查找异常情况。一旦发现问题，计算机立即发出警报，并由操作人员核对监测结果。在必要的情况下，他们会直接拨打航空公司电话，并制定出必须采取的对策，而且通常是在隐患升级为实际故障之前。因此，这些传感器可以根据每一台发动机的实际运行状态实现动态维护，而不是完全依靠时间采取轮换式维护。这样，航空公司就可以更低的成本维持机群，而不是每隔3个月或者6个月就对价格昂贵的设备进行一次停机维护；更重要的是，这些传感器让飞机更安全。除改善发动机的维护之外，机器数据也为罗尔斯·罗伊斯的商业模式带来了变化，为他们提供了远超传统制造业模式的业务收入流，我们将在本章后面详细讨论这个问题。

4.1.2 如何以数据强化仓储和配送

改进仓储和配送流程是数据最明显的用途之一，因为这本身就是一个能生成大量数据的业务领域。从库存控制到供应链管理再到配送路线（及更多环节），仓储和配送的每个环节几乎都可以通过数据实现优化。即使是高度传统的行业也可以把数据整合到运营中。比如，我最近和一家大巴汽车进行合作，这家公司最初对数据之于该行业的价值持怀疑态度。目前，它们已开始收集来自车辆的数据并进行分析，使用这些数据改善驾驶模式、优化运输路线并改善车辆维护。

超市也在使用相机和传感器自动监控新鲜农产品的质量，及时发现存货问题；使用图像数据，计算机可以学会识别开始变质的蔬菜，传感器可以收集腐烂水果释放的气体。这只是大型超市以数据改善运营方式的一个小方法。而精明的零售商已开始使用数据预测产品需求，建立详细的顾客档案，管理库存水平，优化配送，并借助针对性的产品推荐（我们将在本章后面提供部分示例）增加销售额。

优化仓储的一个最好示例，居然来自一个让我们意想不到的地方——亚马逊。这家公司采用复杂的计算机系统，对遍布全球的数十个仓库和配送中心的数百万种库存物品进行跟踪。在亚马逊公司于赫默尔·亨普斯特德（Hemel Hempstead）刚刚开设的英国仓储中心，

40 000m² 的仓库中存放了数百万种产品。对这种规模的运营而言，效率显然是成功的关键（尤其是考虑到亚马逊虽然有巨大的营业额，但盈利水平还是相对较低的。低利润率和难以置信的高销售量已成为目前的常态，因而使得效率变得更为重要）。从接到供应商的货物，到分拣员（目前是人）从货架上取出货物，到最终将货物配送给最终顾客，每项产品在仓库中经历的整个进程都要受到持续监控。在任何时候，公司的系统对仓库内任何一件物品的具体位置都能做到了如指掌。这不仅可以造就更安全的供应链，也有助于公司（及其仓储管理人员）满足这种规模所需要的高精度生产目标。

而且亚马逊很有可能会进一步提高分拣流程的自动化程度——亚马逊的子公司 Kiva Systems（亚马逊在 2012 年以 7.75 亿美元的价格收购）开发了仓库机器人，比如移动和携带商品直至返回仓库指定位置的机器人货架。仓库机器人是亚马逊热衷开发的一个领域，公司此前曾举办过比赛，以期发现性能最优的仓库分拣机器人。最近一次比赛的时间是 2016 年，在这次比赛中，机器人参赛者需完成多项任务，包括从箱子中取出各种形状和尺寸的物品，放在指定货架上，然后从货架上取下商品放进盒子中。致力于探索更先进的技术、不断追求改进效能，是这家公司成功的重要原因之一。

我们再看看现实世界中的亚马逊仓库，它们对数据和分析的应用远不止于分拣过程。亚马逊还使用计算机算法自动确定最适合于每一种商品的包装尺寸，以节省包装时间，并减少因包装尺寸过大带来的浪费。当然，不能忘了，亚马逊早已经开始尝试以无人机配送从而实现配送过程的全自动化。

4.1.3　如何以数据增强业务流程

这是一个范围很大的问题，它涉及以数据简化日常业务流程（如会计或客户服务）的方方面面。对我们来说，这个问题在很大程度上取决于你所在的行业。

数据尤其适用于监测欺诈行为，例如，从欺诈性信用卡交易、员工欺诈到保险索赔等诸多方面。欺诈监测分析使用数据来鉴定欺诈活动的模式，或是某些预示欺诈行为的信号，帮助企业预测并减少或阻止欺诈行为。欺诈行为每年都会给很多企业带来巨额损失，仅全球信用卡欺诈行为的金额就达到了 160 多亿美元，预计到 2020 年，这个数字将达到 350 亿美元。网络欺诈也正在成为所有企业都需要不断提高预警级别的一个领域。

信用卡公司和保险公司始终在评估欺诈行为。例如，如果你的信用卡出现非正常购物，那么，你通常会收到来自信用卡公司的电话或消息，要求你核实这些交易是否合法。这是因为，算法已对这张信用卡的常见活动和经常出现的地理位置进行了评估，因此，一旦出现与这些数据（及其他很多参数）不符的交易，信用卡公司就会发出警告。

在我的客户中有一家大型保险公司，它们的顾客呼叫中心正使用语音分析来监测可能出现的欺诈行为。这家公司的系统可识别顾客声音中的紧张程度，有的时候，顾客的声音可能表明主叫方没在说实话。当然，这个人也可能会因为家中被窃而感到紧张，因而需要对这些数据实施进一步调查，而不能把它们当作顾客在说谎的第一证据！但作为一种自动预警信号，它的作用是显而易见的。

汽车保险公司也在使用机器学习分析来自车祸现场的照片，从而为伤害索赔提供依据。计算机可以标示出涉及索赔的伤害情况与事故中车辆受损程度不相匹配的情况。同样，这种信号会触发保险公司对索赔进行更彻底的调查，而不是立即驳回索赔请求。

此外，保险公司也发现，客户在线填写索赔单的时间和欺诈（即填表的速度太慢或是太快）之间存在相关性，而且大型保险公司目前已开始对这些数据进行例行分析。通常，如果顾客花太长时间来完成这个表格，或者是在某个项目上停留的时间太长，往往表明他们正在绞尽脑汁地思考事件的经过或是应该怎样填写。这很可能意味着，他们并没有完全诚实地再现整个事件。当然，这并非唯一的最终结论。但保险公司必须考虑到非正常情况，例如，索赔者可能写字原本就很慢，或者他们在填写过程中被门铃打断，或是不得不离开一会儿去学校接孩子。但如果这些数据恰好与其他数据点相互印证，例如，一个人在某个特定项目上数次修改数据，那就应该给出风险提示了。如果出现的提示太多，保险公司就会进一步审核相关案件。相反，如果表格的填写速度太快，也是值得注意的信号，因为犯罪分子往往会使用机器人自动完成表格填写，或者从以前的索赔表格中剪切、粘贴，从而大大加快了填写速度。

最关键的一点是，数据分析不仅有助于识别欺诈活动，还可以帮助我们防止未来出现的欺诈行为。一旦发现欺诈活动，就需要通过数据挖掘找出其中的规律。随后，可以使用这些信息设计预测模型，以便找出更有可能出现欺诈的案件。因此，当出现与已知欺诈信号相匹配的特定信号时，我们就必须对相关索赔开展进一步的调查。这些匹配信号可能涉及索赔者的行为、与之关联人员的网络（通过社交媒体或其他开放性人口统计数据来源）或是涉及索赔的某些合作机构（如汽车维修店，在这种情况下，其行为模式可能会显示出，某个特定机构参与了索赔人可能实施的不正当活动）。

即使是远离金融和保险业等欺诈行为频发领域的企业，也会受益于欺诈监测活动。例如，你可以使用闭路电视录像监视仓库、分拣和包装等区域，并使用视频分析对可能出现的欺诈活动发出预警。

风险评估是数据发挥特殊价值的另一个重要领域。从根本上说，以预测为目的的统计建模就是指通过尽可能地测量和理解过去发生的事件，以研究未来可能发生的事件。在此基础上，建立统计预测模型，根据从历史数据中得到的变量之间的关系，推断未来可能发生的事件。所有这些，都有助于企业确定特定事件发生的概率及相应的风险水平。预测建模是大数据领域的一个重要工具，也是保险行业始终热衷于使用的一种工具（这一点应该不难理解）。

预测模型最重要的用途之一，就是为制定保单的保费提供依据。保险公司必须审慎制定保费的价格水平，不仅要保证它们能通过承保风险来实现盈利，还要符合客户的预算。否则，客户就会转向其他保险公司。为合理制定保费标准，保险公司必须对具体驾驶员的风险水平做出精确评估。

目前，很多保险公司都提供以遥感测量为基础的套餐，通常是通过安装在客户电话上的应用程序，将他们的实际驾驶信息直接反馈给保险公司的系统，从而针对该客户的驾驶行为建立高度精确的个性化档案。通过使用预测模型，保险公司就可以通过将客户的行为数据与数据库中其他数千名司机的行为数据进行比对，从而准确评估该客户发生事故或是汽车被盗的概率。

所有这些举措背后的原理是，精确评估风险并发现欺诈行为的能力，有助于降低整个保险行业的成本并提高运营效率；而对普通驾驶员来说，这些措施则意味着降低保险费，并从保险公司获得更优质、更个性化的服务。

然而，数据的用途远不止于评估风险和欺诈行为。例如，数据、机器学习和自然语言处理正在帮助媒体公司更快、更高效地创造内容。在第3章中，我们曾介绍了 Narrative Science，这是一家提供自然语言处理和文本生成工具的公司。Narrative Science 开发的软件可自动分析公司的财务业绩数据，并生成高度近似于人类作者撰写的文章或财务报告。事实上，Narrative Science 的运行模式非常成功，以至于该公司目前在为

《福布斯》撰写文章（而且我确实无法区分出这家公司撰写的文章和新闻从业者的作品）。[2] 对任何依靠快速、高效和准确生成内容的公司来说，这样的自然语言处理工具注定会给游戏规则带来革命性改变。但这些应用程序也可以延伸到所有行业内的公司。例如，以往大型机构会花费大量时间和资金创建深度财务业绩报告，而现在，它们可以用计算机自动生成这些报告。相对于人类作者而言，自然语言处理软件有着特殊的优势，因为它会大大提高生成定制内容的速度，并大幅降低难度，因而可为不同受众针对相同内容生成不同版本的文字。

数据和分析甚至还能帮助城市更有效地打击犯罪。由美国 SST 公司开发的 ShotSpotter 技术可对整个城市的声景数据进行分析，并在检测到枪声时发出实时警报。它的工作原理就是将声音传感器安装到枪械犯罪率较高的重要地方。当三个传感器同时监测到与枪声相匹配的声波时，即可通过测量三个传感器接收到枪声的时间差确定枪声发生地的精确位置。该公司在全球 90 个城市推出了这项技术，最近，这家公司宣布与 GE（通用电器）达成合作伙伴关系，将在 GE 的全部"智能 LED 智慧城市"路灯上安装 ShotSpotter 传感器。初期迹象令人非常振奋。在已经部署这项技术的城市里，枪械犯罪减少了 28%——显然，这是一种威慑力量，表明这项技术价值巨大。

在欧洲城市，尽管枪支暴力问题远没有美国那么严重，但可以把这项技术用于反恐活动。在南非，ShotSpotter 已被成功用来抓捕在克鲁格国家公园用枪杀盗猎犀牛的偷猎者。而在东南亚，人们使用该系统的修改版本对付爆破捕鱼的盗捕者，这种捕鱼法会对珊瑚礁造成不可挽回的破坏。

4.1.4 如何以数据强化销售及营销流程

数据和分析还有助于对某些销售和营销流程进行自动化和优化处理，

如为客户提供个性化的推荐和动态定价。在我的客户中,就有一家大型电信公司在使用分析技术预测顾客满意度及潜在客户的流失率。根据电话和文本模式以及社交媒体数据,公司可根据顾客取消合同并转为竞争对手客户的可能性,将客户自动划分为不同类别。利用这些数据,公司得以密切关注某些顾客的满意度,并优先采取措施防止他们取消合同。

在过去的几年里,我对一些大型零售商进行了很多研究,而且我可以肯定地说,大数据分析目前已被运用到零售过程中的每一个阶段:通过趋势预测确定最受欢迎的产品是什么,预测这些产品的需求在什么地方,通过优化定价以获得竞争优势,识别有可能对其产品感兴趣的客户,并采取最优策略接近他们,让他们掏出口袋里的钱,并最终识别可向他们出售的其他商品。

对于优化定价,数据可帮助企业确定应在什么时候降价(也就是所谓的"下调优化"(mark-down optimization)。在深度分析技术出现之前,大多数零售商通常会在销售旺季结束后下调价格,此时,市场需求实际上已经消失。但分析显示,从需求开始下降的那一刻起,逐渐下调价格往往会带来收入的增加。美国童装童鞋零售商 Stage Stores 通过实验发现,根据对某种产品需求的上升和下降,这种方法带来的收入在 90% 的情况下超过了传统的"换季打折销售"法。梅西百货就采取了类似做法,他们通过频繁调整商品定价来应对零售趋势和市场需求的变化。事实证明,该系统确实比以往的定价模式更有效——据说,这家零售商每次对 7 300 万种商品优化定价所需要的时间减少了 26 个小时。

沃尔玛是全球最大的零售商,也是全球收入最高的公司之一。沃尔玛是一家"传统"的实体零售商,它很清楚数据的价值。2015 年,沃尔玛宣布,它们已开始创建世界上最大的私有数据云,该云计算每小时可处理 2.5PB 的信息。超市行业的竞争不仅体现为价格,还体现在客户服务和购物的便利性上。在适当的时间将适当商品放在适当的货架位置上，这个要求会带来沉重的后勤问题，而且只有对产品有效定价，企业才能保持竞争力。沃尔玛采用了一个实时更新的数据库，该数据库包含了2 000 亿行交易数据，而且这些数据仅仅是最近几周里发生的业务！除此之外，它还从其他 200 个数据源获取数据，包括气象数据、经济数据、电信数据、社交媒体数据、汽油价格以及沃尔玛商店附近发生的事件。利用这些数据，公司可以确定哪些产品是顾客最想购买的，哪些商品的价格最有竞争力。另一项措施就是沃尔玛开展的"社会基因组计划"，该计划可监测公共社交媒体的对话，并尝试自动预测人们会根据在线对话购买哪些产品。

至于以数据和分析来优化在线销售的策略，亚马逊（更具体地说，是亚马逊的推荐引擎）的做法早已成为行业基准。亚马逊或许并不是推荐引擎的发明者，但它肯定是将推荐引擎投入大规模公开使用的鼻祖。

在亚马逊的 10 亿用户中，亚马逊会收集 1/4 用户在使用其网站时生成的全部数据，并利用这些数据创建和不断改进推荐引擎。从理论上说，亚马逊对你的了解越多，就越有可能预测到你想要购买什么商品。除了你购买的商品外，亚马逊还会监测你在网站上浏览的对象、收货地址（用于确定人口统计数据——这样，它即可通过了解你周围的邻居，精确猜测你的收入水平）以及是否做出顾客评论和反馈。此外，它还会分析你每天浏览网页的时间，以此确定你的习惯性行为，并将你的数据与具有类似模式的其他人进行匹配。最后，亚马逊利用这些数据构建针对个体顾客的全方位视图。在此基础上，亚马逊可以找到它认为的同一细分群体（例如这样一个全职男性群体：年龄在 18~45 岁之间，租住在收入水平超过 3 万美元的社区，喜欢看外国电影），并根据该群体其他成员的偏好推荐相应的商品。

在这里，最重要的一点是，企业（任何一个企业）对一名顾客了解得越多，就越有可能向他们推销合适的商品。对每个客户进行全方位观察，是数据驱动型营销和销售的基础。

4.2 以数据改善顾客供应

除了改善企业运营之外，数据还可以提供更好的服务或产品，从而改善顾客供应。这可能意味着通过使用数据强化现有产品或服务，从而为客户提供额外的价值，也可能意味着，为顾客创造一种全新的价值主张。同样，如何使用与顾客供应相关的数据，完全取决于企业的战略目标。为了数据而使用数据永远不是一个好主意，因此，我们需要把重点放在有助于业务增长和实现目标的领域。

4.2.1 为客户提供更优服务

我们不妨简单回顾一下罗尔斯·罗伊斯公司的例子。还记得它们在喷气式发动机上安装的传感器吧？这些传感器持续监测全球超过 3 700 架喷气式发动机的运行状态，以做到防患于未然。这些传感器生成的数据为罗尔斯·罗伊斯带来了业务模式的转型。虽然这家公司以前只是单纯地制造和销售发动机，但是现在，该公司已在制造业务以外形成了新的可持续收入来源。目前，罗尔斯·罗伊斯不仅销售发动机，还对已出售的发动机进行持续监测，随时为发现问题的发动机维修或更换零部件，并根据发动机的使用时间向顾客收费。通过为产品增加基于数据的服务元素，该公司为其产品供应实现"服务化"。这样，顾客就可以购买动态的服务选项，从而有助于他们自身运营的效率和安全性（因为可以对飞机维护进行更好的规划和安排）。尽管这对客户来说绝对是大好事，但也意味着罗尔斯·罗伊斯公司将迎来收入的巨大增长——在民用飞机发动机门类的全部年收入中，服务收入目前已占到 70% 的份额。

美国农业机械生产商约翰·迪尔（John Deere）同样热衷于大数据战略，它们已推出若干大数据服务，通过从数千名用户进行众包和实时监测的数据，让农民实实在在受益。Myjohndeere.com 是一个在线门户网站，通过与处于工作状态中的机器相连接的传感器，该网站不仅让农民获得自己的数据，还可以访问由世界各地其他用户收集而来的汇总数据。此外，该网站还连接到包括天气和财务在内的外部数据库。依靠这些服务，农民可以制定更合理的作业计划，比如，如何使用他们的设备、哪些产品可以为他们带来最优结果以及这些产品为他们提供的投资收益如何。约翰·迪尔的另一项服务是在 2011 年推出的"精智农业管理系统"（Farmsight），通过这项服务，农民可以根据自有农田及其他用户的农田收集到的信息，确定应种植哪些农作物。

数据也在帮助医疗健康供应机构为患者提供更高效和更具个性化的服务。IBM 的人工智能平台沃森已开始高度关注医疗健康行业，IBM 宣称，它可以按更低的成本，完成远比人类专业人员更精确的大数据分析。[3] 这自然会给某些服务的自动化和加速发展带来巨大的增长潜力。此外，IBM 还在研发一种新的界面，使得沃森（或其他类似程序）可以对任何具体病种的现有医学研究成果进行分析，并据此为医生提供总结性信息。这样，医生就可以在海量的现有数据基础上，为个人患者制定最佳治疗方案，而无须花费大量时间去自行研究。在数据的支持下，平台将有可能自动得到医生为患者开具的药物和治疗方案。最近，全球大型药业之间的数据共享已取得巨大突破，例如，研究人员发现，原本用于抗抑郁的药物"地昔帕明"（Desipramine）有可能在治疗肺癌类疾病上发挥作用。

伦敦交通局（TfL）也在使用数据为客户提供更优质的服务。该机构负责监管伦敦市内的巴士、火车、出租车、机动车道路、出租自行车、自行车道、人行道甚至每天有数百万人乘坐的渡轮。如此庞大的交通运输网络，使得伦敦交通局可以获得大量数据——公司也在使用这些数据进行服务规划，并为客户提供更好的信息。

此外，大数据分析也帮助伦敦交通局在发生故障时做出及时响应。在发生意外情况时，例如，如果伦敦交通局的服务受到信号故障的影响，那么，公司就可以判断有多少人被延误，以便于乘客申请退票。当故障非常严重时，伦敦交通局可自动向受到影响的乘客退换票款。对于使用非接触式支付卡旅行的乘客，退款将自动打入其账户。在按计划进行时间较长的交通中断时，伦敦交通局可以使用历史模式判断乘客可能采取的交通方式，并据此规划替代服务来满足他们的出行需求。此外，出行数据还可用于识别定期使用特定路线的客户，在此基础上，为他们提供定制性的最新交通信息，让乘客提前预知交通中断会给他们带来怎样的影响。

伦敦交通局分析主管劳伦·萨格尔·韦恩斯坦（Lauren Sager Weinstein）为我讲述了一个具体例子，当时，由于需要紧急维修，旺兹沃思政府（Wandsworth Council）被迫关闭了伦敦普特尼桥（Putney Bridge）——实际上，每周会有 11 万人次搭乘公交车通过这座桥：

> "我们可以计算出，约一半的乘客需要在普特尼桥附近上车或下车。考虑到这座桥仍对行人和骑自行车的人开放，因此，我们知道，这些人可步行或骑自行车通过大桥达到自己的目的地，或是再次开始搭乘公交车。而对另一半乘客来说，普特尼桥只是他们整个出行路程的中点。为满足这部分人的需求，我们可以建立交通中转站，增加替代路线的巴士服务。此外，我们还向所有区域的乘客发送个性化信息，提前告知乘客在出行中可能受到的影响。"

数据和分析甚至还帮助市政府提高了公共服务的运营效率，为居民提供更优质的服务，改善居民的生活质量。英国的米尔顿·凯恩斯（Milton Keynes）就是一个使用智能连接技术改善公用事业的典型"智能城市"。我非常喜欢这个称呼，这倒不是因为"智能城市"或将成为未来几年的热门话题，而是因为米尔顿·凯恩斯就是我的家乡。在未来 10 年左右，预计将有 5 万人迁移到米尔顿·凯恩斯，让这座城市的人口从 25 万增加到 30 万。即使是像米尔顿·凯恩斯这样一座拥有较为现代化基础设施的年轻小镇，也可能在提供公共服务方面出现一些问题。

为解决这个问题，镇政府一直在探索如何以智能、互联和数据驱动型技术改善公共服务。米尔顿·凯恩斯镇政府的战略主管及该计划的负责人杰夫·斯内尔森（Geoff Snelson）告诉我，"我们已将传感器安装在垃圾箱，传感器在垃圾箱装满时会做出提示，或是将传感器安装到停车位以及当地的一些公园，以显示客流量、水温和土壤湿度等参数。"例如，当地的一个传感器网络已覆盖了镇上全部 80 个街区的垃圾回收中心，提高垃圾回收业务的效率，这样，垃圾运输车就可以优先考虑已满载的回收中心，而不必毫无目的地赶到那些几乎尚未收集到垃圾的回收中心。

另外，家庭也成为测试各种节能技术的对象，无人驾驶汽车很快将会在该镇的街道上得到试用。到三年试用期结束时，在米尔顿·凯恩斯镇的某些地段，或将看到无人驾驶汽车有望和有人驾驶汽车同时出现的场景。在另一个项目中，高分辨率卫星图像将与规划部门提供的数据相互叠加，以确保米尔顿·凯恩斯镇与规划指南和当地发展计划保持一致，沿着正确的路径实现理性发展。正如斯内尔森所说："在这些解决方案中，很多都能借助于更好、更及时、更准确的信息而提高效率。这绝不需要什么魔法，唯一需要的就是更好的信息。"

4.2.2 提供更好的产品

得益于技术进步，尤其是物联网对互联互通的持续推进，数据还可以帮助企业优化产品以及顾客使用产品的方式。

最有说服力的例子莫过于目前普通家庭使用的各种智能设备。我家里的智能电视就可以监测孩子在什么时间进入房间，而且能自动关闭不适合儿童观看的任何节目。将 Nest 智能火灾报警器与智能安全摄像头和智能温控器连接起来。如果火灾报警器在我没有在家时发出报警，那么，我就可以登录电脑，观看摄像头拍摄的画面。如果这只是一场虚惊，我就可以通过智能手机远程关闭报警。

Nest 为以物联网为基础的业务提供了一个绝佳示例——创造能简化或改善我们日常生活的产品。2014 年，谷歌以 32 亿美元的价格收购了 Nest 实验室，这无疑为这个市场的未来发展提供了一个重要的风向标。显而易见，谷歌希望它们的服务能成为未来智能家庭的发动机，而 Nest 带来的产品，则是我们用来与这些家庭实现互动的"操作系统"般的基石。

所有这一切都成为物联网不断走入我们日常生活中的一部分。今天，我们可以从拉夫劳伦（Ralph Lauren）生产的智能 T 恤中取得穿戴人的运动数据以及呼吸和心率等生理数据。SmartMat 公司生产出了世界上第一款智能瑜伽垫，它可以随时监测用户的动作是否准确，并就如何纠正姿势提供实时反馈。Pantelligent 智能煎锅嵌入的温度传感器可与手机应用程序进行通信，并随时提醒你翻动牛排或是锅底温度过高。

即使是和云服务器 ToyTalk 合作的美泰玩具公司（Mattel），也凭借新开发的智能芭比娃娃加入到这股大潮当中。这款名为 Hello Barbie 的高科技芭比娃娃在项链中嵌入一支麦克风，用于记录孩子们说的话，再把语音数据发送给 ToyTalk 服务器。服务器对取得的录音进行解读和分析，并选择适当的应答，返回给智能芭比娃娃，最后，由可爱的芭比娃娃用人类语言回答孩子们的问题——所有这一切都发生在一秒之内。智能芭比娃娃的每一条可能的对话都被映射出来，就像一棵大树的树枝一样，它可以在超过 8 000 条的对话中选择适当的应答。智能芭比娃娃还会记录孩子说的话，并存储起来用于日后的对话。例如，假如你的孩子说，她最喜欢的歌手是泰勒·斯威夫特（Taylor Swift），那么，智能芭比娃娃会记住这句话，并在几天或几周后提到这件事。（芭比娃娃会定期更新存储的记录，以便于随时站在流行文化的最前沿。）

我们或许可以想象到，这个娃娃未必会受到所有人的喜爱，而且人们自然会担心如何使用这些对话数据。每个孩子的回答都会被记录下来，并存储在 ToyTalk 的云服务器上——通过服务器，父母、ToyTalk 和美泰玩具的员工及其非公开合作伙伴均可听到对话。ToyTalk 曾在声明中表示，公司不会将收集到的数据用于商业目的，但这种用途显然是客观存在的。（理论上，智能芭比娃娃可以告诉你的孩子，泰勒·斯威夫特会在什么时候推出新专辑，或者她的音乐会门票会在什么时候开始发售）。此外，就像非营利组织无广告儿童运动（The Campaign for Commercial-Free Childhood）所主张的那样，"即便是父母也不应私自偷听孩子们的录音！"

尽管存在诸多质疑，但作为诸多智能产品中的一个代表，智能芭比娃娃肯定能利用深度学习法以越来越现实的方式和人类实现互动。例如，谷歌已做出预测，迟早有一天，我们将以语音指令取代打字来控制我们的移动设备。

运动衫、瑜伽垫、娃娃玩具等智能产品的开发就是一个清晰无误的信号，告诉我们，所有行业都已意识到智能化数据创新所带来的潜在效益，毋庸置疑，没有人愿意被排除在外。实际上，所有的企业都在不同程度上成为数据企业——即使是你认为最不可能和数据联系起来的企业。如果我们身边的所有产品都可以和互联网及其他产品实现对接，那么，改善产品供应的潜力将是无比巨大的。当我们将由此生成的海量数据反馈给企业时，必将有助于企业以更精益的运营提供更优质的服务。

真正令人兴奋的事情是（也可能是令人害怕的事情，这取决于你自己怎么看）在本章所概述的诸多发展动向，还只是热身行为。技术正在迅猛发展，而且我们正处于数据革命的起步阶段，有可能影响到所有产品、服务和企业。未来将会看到，这些脉络终将交相融汇，通过机器对机器通信、机器学习、机器人技术、人工智能、家庭的自动监测和远程监控、无人驾驶汽车以及自动癌症扫描等模式，创造出一个完全不同的世界。

随着事物之间互联性的增加，智能家庭、智慧城市乃至智能国家都将逐渐成为常态。与此同时，随着联网设备的数量迅速超过地球上的人类数量，机器之间的相互沟通、信息交换及实时分析能力将给我们带来名副其实的价值。而随着机器学习能力的提高，机器可以更好地从数据中学习并在无须任何人为输入的情况下根据数据修正其操作，在不远的将来，我们有可能会看到某些非常有趣的发展动向。

注解

1. Louis Columbus（2014），"大数据推动制造业变革的十大方式"，《福布斯》，11 月 28 日，原文见以下网址：
http://www.forbes.com/sites/louiscolumbus/2014/11/28/ten-ways-big-data-is-revolutionizing-manufacturing/#747b95627826

2. 读者可在以下网址找到由 Narrative Science 在《福布斯》发表的这篇文章：http://www.forbes.com/sites/narrativescience/#117a32554f72

3. Ian Steadman（2013），"IBM 的沃森是人类医生更出色的癌症诊断高手"，《Wired》，2 月 11 日，原文见以下网址：http://www.wired.co.uk/article/ibm-watson-medical-doctor

第 5 章　数据的货币化

数据正在成为企业拥有的一项越来越重要的资产，而成功兑现数据货币化的能力则会改变企业的总体价值和利润。只需看看"财富 500 强"中最有价值的 10 家公司，即可对此产生共鸣：根据 Fortune.com 的统计，在 2016 年全球 5 家最有价值的公司中，4 家公司要么以数据为基础建立整体商业模式，要么大量投资于数据——苹果、Alphabet（谷歌的母公司）、微软和脸书均位列前五名之内。亚马逊也在 2016 年进入前十名，从之前的第 19 名排名跃升至第 9 名。虽然这五家公司都可以近似地被纳入到"高科技"这个版块中，但它们的业务显然处于不同领域，且遵循不同的商业模式：微软是一家软件巨头，苹果公司创造了世界上最具代表性的产品之一，亚马逊是零售平台，脸书是一个网络社交平台，而谷歌（尽管涉猎诸多领域）的核心则是媒体业务。将这些公司联系起来的，无非是它们收集和利用大数据的能力。以数据为基础的公司很有可能会将更多传统工业巨头挤出十强。

数据的货币化涉及两个方面：一个方面是数据提高公司整体价值的能力；另一个方面则是组织通过向顾客或其他利益相关者回售数据而直接带来额外价值的能力。在第 2 章里，我们曾简单提到过几家公司已成功实现数据货币化的例子，而在本章里，我们将详细探讨这两个方面。

从数据战略角度来看，如第 3 章和第 4 章所述，关键点就是要关注适合于企业的数据，也就是说，让组织更接近于实现其长期业务目标的数据。收集尽可能多的数据并希望这些数据有朝一日会带来价值，这种想法在大多数情况下是不可取的。尽管有些公司确实采取"无所不收"的方法取得成功，但它们要么是数据中间商，其主营业务就是收集数据并出售给第三方，要么拥有雄厚的资金和人力，因而有足够能力处理大规模的数据。但对大多数组织而言，我们还是建议在深思熟虑的基础上，对数据采取更有针对性的方法。

因此，对于数据的货币化过程，我们首先应回到更基础的层面，理解这样一个问题："对企业或是潜在的数据客户来说，哪些数据是重要的？"只有回答了这个最简单的问题，我们才能考虑是否可通过其他方式对这些数据予以货币化。在这个阶段，我们需要回答的两个问题是："我们是否可以使用自己的数据让公司更有价值"，以及"我们是否可在其他领域出售这些数据"。在本章中，我们将以示例帮助各位寻找类似的货币化机会，但我们的终极目标，就是充分利用你的数据，并采取最适合组织的方式，从数据中尽可能挖掘出更多价值。有些组织发现，如果从这一思路出发，完全可以创建一个独立的业务部门，专门从事发现和最大化数据货币化的机会。这无疑是一种明智的做法，而且在未来几年将会在大中型组织中逐渐得到普及。

5.1　增加企业价值

今天，很多公司正在因为其拥有的数据或数据处理能力而成为买卖的对象。IBM 以 20 亿美元收购气象公司（Weather Company）就是一个绝佳例证。凭借这次精明的收购，使得 IBM 得以访问气象公司拥有的庞大数据库，正如我们在第 2 章中所看到的那样，这些数据对很多行业和企业来说都是价值连城的。同样，微软也通过对领英的收购取得了职业人士社交网络的用户数据，这些数据为微软提供了对协作及生产力工具进行个性化开发的机会，强化了微软在企业市场中的竞争力。显而易见的是，能利用数据提振企业价值的不限于高科技或数据企业。据报道，

2012 年，位于犹他州的网站 Ancestry.com（家谱网站）以 16 亿美元被收购。为什么会有人买这样的企业呢？因为该网站已通过 200 万付费用户积累了大量的个人数据。

5.2 数据本身成为企业核心资产

毋庸置疑，数据本身也可能拥有不可思议的价值，价值大到以至于成为公司最大的资产。我们不妨看看最近一个数据严重影响公司价值的例子。位于英国的连锁超市特易购（Tesco）采取了当下非常流行的会员卡计划，并称之为"俱乐部卡"，据称，该计划已吸引了 1 600 万名会员。由于这项计划得到客户的大力拥护，使得特易购在 1999 年超越英佰瑞（Sainsbury's），成为英国最大的超市集团。借助于"俱乐部卡"，特易购可以收集到顾客是谁、住在哪里及其购买了哪些产品等方面的数据。显然，所有这些数据都可以帮助它建立详尽的顾客档案，并据此制定目标价格。

会员卡计划及其全部数据和分析由第三方公司邓韩贝信息技术咨询公司（Dunnhumby）进行，该公司还与美国梅西百货公司等其他零售企业进行合作。对特易购而言，邓韩贝拥有的大量数据及其提取客户洞见的能力非常宝贵，因此，在 2001 年，特易购购买了邓韩贝的部分股份。2006 年，特易购再次将持股比例增加到 84%。在持股期间，邓韩贝的公司价值持续增长，在英国零售业整体不振和自身利润大幅下滑的情况下，2014 年年末，特易购决定出售对邓韩贝持有的股份。出售价格如何呢？居然高达 20 亿英镑。甚至谷歌旗下的风险投资公司（Google ventures）都曾被视为潜在买家。然而，由于合作终结导致邓韩贝失去了美国连锁超市零售商克罗格集团（Kroger）（另一个以前的零售业合作伙伴）的数据，2015 年，邓韩贝的潜在出售价值下降到仅 7 亿英镑。一旦此次出售完成，邓韩贝还将丧失特易购的数据，这必将导致形势更加复杂，据称，邓韩贝的很大一部分利润都来自向可口可乐等公司转售的特易购数据。如果卖掉邓韩贝，特易购要么会成为邓韩贝的另一家客户，要么将公司的数据转移到收购方——可以想象，这会让潜在买家占尽便宜。经过"全面的战略评估"之后，特易购终于在 2015 年下半年做出决定，终止出售邓韩贝股权的计划。所有这些都体现出数据对企业而言所具有的价值。如果没有特易购的数据，邓韩贝的价值就可以归结为人和技术——换句话说，它的数据处理能力。对于潜在买家来说，数据处理能力的价值是不可估量的，而这种能力的诱惑力也是令人难以抵挡的，我们将在本章后面探讨这一点——在这个例子中，即使不会达到 20 亿英镑，但至少不会低于 7 亿英镑。

有些人认为，从事直销业务的安客诚公司（Acxiom）是"你从未听说过的最伟大的公司"。这家公司彻底改造了美国的直销业：早在"大数据"这个概念广为人知之前的 20 世纪 80 年代，它们就已采用先进的技术对海量数据集合进行分析。安客诚在其网站上称，它们拥有"除少部分以外全部美国家庭"的数据。这样的说法确实有点创意，但对一家发迹于管理当地民主党简单邮件目录的公司来说，能说出这样的话就已经不错了。

20 世纪 80 年代，安客诚创建了自己的专用订单执行系统，该系统获得了来自于信用机构的数据，并将这些数据与原有的在线邮件目录进行整合。之后，它们再根据年龄、所在地、专业、行业甚至是订阅什么杂志等任何其他已知信息对这些数据进行细分，从而为公司提供了数以百万计独一无二的线索。仅仅是安客诚的一个数据库，就可以存储 1 亿人的数据。安客诚的数据覆盖范围非常广泛，既有来自选民名册、婚姻和出生登记记录、信用机构、消费者调查等公开渠道的数据，也有来自成千上万家其他企业和组织收集到的客户及用户数据。在取得数据之后，安客诚再将这些数据发送出去（如顾客未选择"未取得事先同意不得发送"分享的数据）。

在开创了数据驱动型营销之后，安客诚始终与时俱进。2010 年，公司推出 PersonicX 系统，该系统可分析个人在公共社交媒体上的活动（这正在成为了解消费者心理和行为的一种非常有价值的洞见来源），并将其与特定的消费者数据库进行比对。再结合其他数据，安客诚就可以更精确地把这些人和他们可能需要的产品和服务匹配起来。安客诚把这些服务出售给世界各地的企业，从小企业到跨国金融巨头，都是公司的客户。公司也从最初的 27 人发展到 7 000 人。据报道，目前的安客诚在全美直销行业中已占有 12% 的份额，这无疑是一笔巨大的营业收入。实际上，这家公司在 2015 年的收入已达到 10.2 亿美元。

全球征信巨头、益博睿信息技术公司（Experian）以提供信用证明而著称，银行和金融服务公司使用这些信用证明确定是否可对客户发放贷款。此外，该公司还可以根据收集到的数据提供其他一系列服务，比如防止欺诈和身份盗用行为。最近，该公司又增加了以数据分析为基础的专业化服务，为汽车贸易、医疗保险和小型企业市场的企业客户提供支持。

益博睿的信用机构数据库保存了 30PB 的个人数据，对象遍布全球各地，目前，该数据库的数据量每年还在以 20% 的速度增长。该公司从银行获取个人数据，得到在银行取得借款的人数以及这些人是否还款的详细信息，掌握个人迁出地和迁入地之间的联系以及他们曾使用过的别名。此外，该公司还收集了来自公开记录的数据，如邮政地址数据库、选举登记册、县法院登记册、出生死亡记录（以确定是否以死者名义进行欺诈）以及如英国反诈骗中心（Cifas）系统的全国防欺诈服务。

利用这些数据，就可以为消费者和企业勾画出一张事无巨细的图景。除掌握个人的信用记录等详细信息以及年龄、地理位置和收入状况等人口统计信息之外，益博睿还利用自己的社会人口统计工具 Mosaic，将个人划分为 67 种类型和 15 个群体。这些群体包括"都市酷炫型"（在追求时尚的城区拥有或租用豪华公寓的城市成功人士）、"专业奖励型"（在城市或半城市地区，经济殷实、事业成功的成熟专业人士）以及"全球融合型"（拥有多种多样民族背景的都市年轻就业人群）。这种细分顾客不仅可以用于营销目的，还可用于信用和可保性的评估。

益博睿曾说过，将其操作的各类数据分析进行整合，并将所有这些数据作为一个集中数据库而非分散的数据源进行处理，该公司就可以让更多人有能力购买房屋、扩大业务并进行有效理财。这一切给益博睿带来了巨大的价值。2015 年，该公司实现了 48 亿美元的收入。

这些例子的共同之处，就在于它们的处理对象是规模庞大的数据。在这些公司中间，即使是数据最小的特易购，也涵盖约 1 600 万名用户。正是这些庞大的数据集，让这些公司的价值高高在上。对很多组织来说，要取得如此规模的数据是根本不可能的，但值得一提的是，安客诚和益博睿都是从外部挖掘数据（在第 6 章里，我们将详细讨论内部和外部数据源以及不同数据源之间的差异），这意味着，它们能有效利用其他人的数据。目前，任何事物或任何人群的数据都是可以购买或访问的，这就让企业面对一个充满机遇的环境。

5.3　由企业数据处理能力创造的价值

数据本身可以显著提升公司价值，而公司从数据中提取价值的能力同样可以创造价值。在数据与复杂的系统、应用程序和算法相结合并从中提取重要的洞见时，数据的价值尤其突出。例如，我们曾在第 1 章里提到过，比萨饼外卖公司达美乐收集了大量顾客数据，并使用这些数据改善营销活动。凭借如此坚实的数据系统及其出众的数据处理能力，使得达美乐这家公司在整体上更具价值，也更有吸引力。例如，达美乐的价值很有可能大幅超过未有效使用数据的可比较的比萨饼外卖公司。

因此，很多公司被收购的原因就是因为它们拥有将数据转化为商业洞见的能力，而这种能力赋予了公司价值。例如，2014 年，谷歌以超过 5 亿美元的价格收购了总部位于英国的人工智能企业 DeepMind，而被收购目标的吸引力就在于它们拥有强大的学习能力。谷歌很清楚，这种能力可以帮助其更好地利用数据，并获得领先于其他高科技巨头的竞争优势。近年来，谷歌收购了众多与数据有关的企业，DeepMind 只是它们的众多收购项目之一，我们在第 4 章讨论了谷歌对 Nest 实验室及其智能产品的收购。

同样，脸书也在 2012 年收购了以色列面部识别公司 Face.com，并将该公司的面部识别技术运用到脸书的社交网络中。正是这项技术，使得脸书能自动扫描用户上传照片中的人脸，并自动向用户推荐名称。这样，用户就无须再手动为他们的朋友加标签。简化用户加标签的过程并提高网络识别个人的能力，恰好与脸书的利益相一致。毕竟，对脸书而言，加标签的照片显然比未加标签的照片更有价值，因为它更有可能被更多用户所看到（即照片所标注的人物的所有朋友以及照片上传者的所有朋友）。同时，鼓励用户上传更多照片也是一件好事，因为它让脸书在总体上可以坐拥更多数据：人们和谁在一起，他们在哪里，甚至是他们喜欢什么品牌或产品（识别照片中具体产品的技术已经存在）。

在这里，最关键的一点是，即使你没有掌握大量的数据，但只要拥有为企业收集和分析正确数据的能力，就可以帮助你提升公司的整体价值，并使公司让投资者或收购者长期垂涎欲滴。

5.4 向顾客或利益相关者出售数据

企业正在越来越多地通过出售数据访问权或是与可利用其数据的其

他利益相关者进行合作来创造额外的收入来源。特易购通过"俱乐部卡"取得的数据就是一个很好的例子。同样，邓韩贝向可口可乐等消费品公司出售针对客户取得的洞见，也是这样的例子。但这并不意味着需要出售针对个人或顾客群体的数据。有的时候，高度专业化的细分行业数据也可能非常有价值。例如，约翰·迪尔通过向农民提供有关机械性能、土壤条件、作物及产量的数据来创造额外收入。这些数据仅对特定受众有价值，但对这一受众来说，这可能是至关重要的信息。

因此，在处理任何类型的数据时，都应考虑是否有机会利用这些数据去创造额外的价值。这样的机会几乎存在于每个行业。例如，酒店的预订网站可以向酒店出售增强型套餐：向酒店提供定价建议、访问细分信息或是关于哪些顾客更有可能预订酒店的洞见（评论、照片以及顾客最想看到的东西等）。汽车制造商可以和保险公司合作，提供司机的行驶里程、经常出行的地点、是否在交通事故率较高的道路上行驶以及平均驾驶速度等数据。制造任何机器的公司都可以在它们生产的机器上安装传感器，以便于为那些购买和使用机器的人提供更多信息（就像约翰·迪尔那样）。今天的传感器体积很小，而且价格相对便宜，这意味着，它们几乎可以嵌入到任何产品中，甚至是 T 恤和瑜伽垫也不例外，就像我们在第 4 章中所看到的那样。这些传感器收集到的数据可以回售给客户（譬如，通过应用程序的增强版本）或是汇总后一并出售给其他公司。

随着 iPhone 和 iPad 的用户已达到数百万人，苹果公司在利用用户生成数据方面早已得心应手，并且苹果也一直热衷于建立合作伙伴关系，鼓励开发基于用户数据监控及共享的应用程序。苹果公司刚刚和 IBM 就健康型移动应用程序的开发达成合作伙伴关系。这一合作将使得 iPhone 和 Apple Watch 的用户可以分享 IBM 旗下云计算公司沃森健康（Watson Health）提供的医疗保健分析服务，而 IBM 的数据处理引擎则能访问全球数百万台苹果设备的潜在用户的实时活动和生物识别数据。此外，苹果公司还提供了一系列面向其他行业的应用程序，包括与 IBM 合作开发的航空旅行、教育、银行和保险等，旨在为这些领域的移动设备用户提供分析功能。Apple Watch 将进一步提升这个功能。按照分析师的估计，自推出后的第一年，Apple Watch 就销售了约 1 200 万只。Apple Watch 的设计目标为全天候佩戴，通过内嵌传感器收集更多类型的数据，Apple Watch 的出现，意味着更多个人数据可用于分析，而且通过附加服务及合作伙伴关系利用这些额外数据的潜力将是巨大的。

所有大型信用卡公司均设有专门向相关企业出售交易数据的部门，这项业务每年给维萨、万事达和美国运通等公司带来数以百万计的额外收入。信用卡公司可以取得非常复杂的数据，这一点远非个人零售商所能比的。这意味着，虽然特易购能准确了解我在它们的商店购买了什么商品，但维萨对我的了解则远不止于这些，它还知道我是谁、我在什么地方进行采购、我买的是什么以及我的每月消费情况等。

美国运通处理了全美超过 25% 的信用卡活动，这家公司可以同时和交易双方的人进行交流，包括数百万的企业和数百万的买家。因此，不难看到，美国运通正在不断远离为消费者提供信贷和为交易处理提供商业服务的传统职能，并逐渐将核心转向为消费者与寻找市场的商家搭建桥梁。通过这种模式，美国运通正在使用匿名数据提供新的在线业务趋势分析和行业参照基准，帮助企业了解自身与竞争对手的情况。尽管美国运通剔除了交易中的全部个人可识别数据，但仍然能为零售商提供具体细分市场或细分顾客群体的详细趋势。在将数据收集和分析以及机器学习与商业模式和实践整合方面，这家公司已处于明显的领先地位。万事达和维萨等其他信用卡公司也在采用类似技术将数据整合到它们的商业模式中。

还记得谷歌的 Nest 及其一系列家用智能温控器和安全设备吧？谷歌

不仅受益于针对家庭的更详细数据，还通过与公共事业公司合作而收获利润。很多电力供应商都在向房主提供免费温控器等服务，前提就是允许供应商在特定时段对这些家庭进行供电控制，以解决电力需求在高峰和低谷时出现的供求不均问题。电力公司为每个签署服务协议的客户向Nest支付约50美元的费用，这样的开支对电力公司来说显然是值得的，因为它们可以通过在用电高峰时进行限电管制而节省大量成本。

脸书也是实现用户数据货币化方面的高手。由于托管网站的是电脑，而不是报纸或广告牌，因此，可以通过运行网站的软件独立识别每个网站访问者。而每月拥有大约15亿活跃用户的脸书，显然可以获得远多于其他任何机构的更多的用户数据。而且它的数据也更加人性化。谷歌之类的服务可以跟踪我们访问的网页（顺便说一句，脸书现在也可以做到这一点），并从我们的浏览习惯中推断出更多信息，而脸书通常可以访问全部人口统计数据，比如我们居住的地点、工作、娱乐、我们有多少朋友、我们在业余时间做什么以及我们喜欢的某一部电影、某一本书或是某一位音乐家。通过在用户浏览脸书时收集到的数据，可以将它们与统计上可能会引起用户兴趣的产品和服务供应商进行匹配。例如，一家图书出版商可以向脸书付费，向数百万喜欢类似书籍的人投放广告，以实现广告与这些顾客的人口统计特征相匹配。脸书利用其庞大的消费者数据来销售广告空间的策略，显然让它们得到了实惠。2014年，脸书在全美在线展示广告市场中占有24%的份额，并从广告销售中取得53亿美元的收入。预计到2017年，这两个数字将达到27%和100多亿美元[⊖]。

优步是一家以大数据为基础开展日常运营的公司。从评估需求到设定价格的每一个步骤均由数据决定。但是，优步也开始通过将数据出售给相关方来增加收入。尽管公司并没有透露具体数字，但我们知道，优

⊖ 据eMarketer预测，2018年，脸书在全美在线展示广告市场中的份额为23%，取得210多亿美元广告销售收入。——编者注

步完成的出行次数应该超过了 10 亿次。所以，我们说优步符合大数据的概念。对那些定期使用优步的人来说，这家公司已经对你的日常生活做出了一个非常详细的描述：你在哪里生活和工作，到哪里去旅行，在哪里吃晚餐，以及你喜欢在什么时候做这些事情。最近，优步与喜达屋酒店集团（Starwood Hotel, and Resorts）合作推出了一项服务，允许客户将他们持有的"喜达屋优先会员账户"与优步对接。客户乘坐优步即可获得额外的喜达屋积分，而喜达屋酒店则会获得顾客的全部优步出行活动数据。显然，其他连锁酒店、航空公司，甚至餐厅和酒吧也会推出类似计划。

显而易见，在交易数据时，用户授权和数据安全性会成为最关键的问题，我们将在第 10 章中详细讨论这个问题。值得一提的是，只要公司对其行为采取透明的做法并给予用户相应的回报，大多数用户会乐于让企业使用他们的数据并以此获利。优步就是一个很好的例子，通过与喜达屋分享数据，可以让客户有机会来获得额外积分。即使作为大数据专家，我也非常乐见以交换自己的数据来换取更好的产品、服务或是获得其他额外的便利。我自己就佩戴了一只手环，我承认，这是我和手环制造巨头 Jawbone 之间的一笔交易：我可以得到自己的健身和睡眠活动数据，而 Jawbone 可以把这些数据用于商业目的。我当然乐意让这家公司使用我的（匿名）数据，因为我从中得到了一些实惠，也就是说，它们的产品让我更容易过上健康的生活。

同样，在 2015 年，荷兰安全软件制造商 AVG 在《连线》（WIRED）杂志的报道中指出，为了提供免费的安全软件，公司可能会向广告商及其他公司出售匿名的搜索和浏览历史数据——或是正如他们说的那样，"采用各种手段，包括订阅、广告和数据模型"。鉴于 AVG 是全球第三大防病毒产品，因此，我们正在讨论的显然是一个巨大的搜索和浏览数据库。市场对这个消息的反应参差不齐，但总体来说，人们似乎更乐于用某些方面的数据来换取非常有价值的免费产品。

5.5　理解用户生成数据的价值

本章提到的很多例子均强调了用户生成或是自动生成的数据：跟踪你的爱好和分享内容的脸书、跟踪你的出行地点的优步、实施监控家中状况的 Nest 温控器以及跟踪你的购物内容的美国运通等。真正明智的公司，是那些善于利用数据创造非凡价值的公司，就是拥有数据自动收集或生成系统的公司。实际上，脸书的用户每分钟即可上传 250 万条内容，这让脸书不费吹灰之力即可获得海量数据。

在下一章里，我们将深入讨论数据的收集，但现在有必要强调的是：在数据自动生成或是由公司的用户生成时，需要公司投入的资源最小。但收集和管理这些数据需要投入高昂的人力成本，而如此之高的成本，使得大幅提升公司真实价值或收入不太可能。和其他拥有相近价值的大公司相比，很多以数据为基础的公司的员工人数惊人得少——它们不需要太多的人，因为收集和分析数据的机制是非常复杂的，相应地几乎不需要人过多参与。我们再看看"财富 500 强"中的顶级公司，在前五大公司中，有四家公司与数据有关，其中，脸书排名第五，员工人数不到 13 000 人，而排在第四位的埃克森美孚（Exxon Mobil）（也是前五名中唯一的非科技公司）则雇用了 7 万多人。

让我们通过柯达和照片墙⊖（Instagram）的比较来更深入地探讨这个概念，这显然是两个家喻户晓的名字，一个诞生于数字时代之前，另一个则根植于数字和数据。考虑到脸书在 2012 年收购照片墙这家照片共享平台的价格高达 10 亿美元，因此，你可能会惊讶地发现，照片墙在出售时居然只有 13 名员工。凭借高效的数据系统，照片墙可以实现高度精益

⊖　照片墙是一款分析手机抓拍照片的移动端程序。——译者注

的运行方式，因此，它们根本就不需要大量人员从事后台工作。相比之下，柯达公司在鼎盛时期曾拥有 14.5 万名员工，即便是现在仍有 8 000 名员工。而柯达在鼎盛时的市场价值却不及照片墙，前者的最高价值在 300 亿美元左右，而照片墙曾达到 350 亿美元。

因此，照片墙是另一个完全依赖用户生成数据的公司。它的 4 亿名用户平均每天在平台上花费 20 分钟时间，每天上传 6 000 万张照片。使用这些用户生成的数据，广告客户即可定位网站上的主要年轻人群。实际上，照片墙预计将在 2016 年每月投放 10 亿次广告展示，而 2017 年的广告收入预计将达到 28 亿美元（占脸书广告总收入的10%）⊖。照片墙在 2012 年时还没有创造出收入，如果考虑这一点，它今天的成绩肯定会让你刮目相看。在那个时候，脸书收购照片墙这件事可能令人费解，但脸书显然清楚地认识到，照片墙用户生成数据的长期价值。事实证明，脸书的判断是正确的。

⊖　据 eMarketer 称，照片墙 2017 年的广告收入超过 18.5 亿美元，2018 年预计吸引 54.8 亿美元的广告收入。——编者注

第 6 章　数据的取得与收集

在确定了希望通过数据实现的目标之后，我们就可以开始思考如何取得和收集最合适的数据来匹配这些需求。例如，如果你打算使用数据来改善决策，并确定了第 3 章中所罗列的关键性业务问题，那么，你现在需要收集有助于你回答这些问题的数据。迄今为止，我们已看到很多关于各类公司收集数据的例子，从利用喷气式发动机传感器收集数据的罗尔斯·罗伊斯公司，到追踪顾客浏览商品的亚马逊，再到监控餐厅业绩、销售额及库存的迪基烤肉店。获取和收集数据的方式有多种多样，比如直接访问或购买外部数据、使用内部数据以及采用新的收集方法。我们将在本章中详细探讨这些方法。请记住，真正聪明的公司会建立自己的系统去自动采集或生成数据——无论是来自产品用户生成的数据，还是来自生产线的机器数据。这才是以最小投入去收集数据的聪明方法（当然，还是要建立和维护相应的系统和流程）。

同样需要记住的是，没有任何一种类型的数据生来就优于其他类型的数据。从战略角度使用数据的实质，就是找到最优的数据，而这些数据可能完全不同于最适合另一家公司的数据。在当下面对如此海量数据，成功的秘诀就是专注于能让你的组织收益最大化的具体数据。因此，从数据战略角度看，你需要定义出有助于实现战略目标的理想数据集。然后，根据这些数据对你实现目标的帮助程度、访问或收集的程度以及成本效益如何，你就可以选择适合你的最佳方案。

我们将在下一部分介绍不同类型的数据，不过，就总体而言，内部的结构化数据还是最容易找到和分析的，而且成本通常也是最低的。另一方面，外部数据和非结构化数据的获取成本则相对更高，而且难以处理（因而也更有价值）。你或许会发现，你可能同时需要若干个数据集。事实上，使用一个以上的数据集往往更有利于全面了解事情。按照我的经验，内部数据和外部数据相结合通常可以带来最有价值的洞见。为实现战略目标，我们可能需要掌握某些结构化的内部数据（如销售数据），辅之以一些结构化的外部数据（如人口统计数据）、非结构化的内部数据（如客户反馈）和非结构化的外部数据（如社交媒体的分析）。获取数据的理想策略，就是以最优化的数据组合为企业寻找最有价值的洞见。

在了解到需要哪些数据之后，你的下一个任务就是确定如何访问或收集到这些数据。收集数据的工具包括传感器、视频、GPS、电话以及社交媒体平台等。合适的工具取决于你的战略目标，在本章的随后内容中，我们将探讨一些可用来访问外部数据和收集内部数据的主要方案。此外，我们还要考虑在什么时候收集数据：是否为需要经常收集的数据？为实现目标是否需要采用实时数据？在什么时候最适合收集数据这个问题上，没有任何经验可循，这需要以你的战略目标为指导依据。

6.1 了解不同类型的数据

数据收集本身并不是新鲜事物。很早以前，公司就已经拥有了大量数据（比如交易记录、人力资源档案、主机，甚至是早期的数据中心）。直到不久之前，我们唯一可真正使用的数据还只有结构化数据，也就是通常以电子表格或数据库形式存储的数据，这就为数据查询提供了便利。但互联网、传感器技术、云计算以及数据存储和分析能力等方面的提高，已改变了我们可以收集的数据类型和数量。今天，即便是在街上行走、上车或是在商店购物之类的日常活动，也可以创造出越来越多的结构化及非结构化数据，而且很多类型的数据都是可以被公司用来改进经营方式的。

6.1.1 对"大数据"的定义

我们通常可以从如下四个主要方面来理解大数据:容量(volume)、速度(velocity)、多样性(variety)和真实性(veracity)。[1] 因此,所有可能被归结为"大数据"的数据,至少需要满足如上四个方面的其中一个。归根到底,你使用的数据是"大"是"小"并不重要,重要的是能否帮助你的企业取得成功。但考虑到这四个要素定义了大数据的真正特殊之处、大数据为什么具有变革性以及我们对数据的使用程度,因此,我们有必要花一点时间来深究每个方面。

容量,是指每秒生成的数据量。今天,我们讨论的数据量已不再是令人怀旧的 GB(千兆字节),而是 PB(拍字节,10^{15}B),甚至是 ZB(泽字节,10^9TB)或 BB(千亿亿亿字节,10^{15}TB)。如此规模的数据量显然太巨大了,以至于对其根本不能像主机这样的传统方式进行存储,也无法采用传统的数据库技术进行分析。

速度,是指新数据生成及数据移动的速度。不妨设想一下:在 Twitter 上发文,推文像病毒一样在几秒内即可传播开来,或是信用卡公司为甄别欺诈行为而对数以千计的交易进行实时监控。以前,我们必须先存储数据并在几天之后对它们进行分析,而现在,我们已拥有了对数据进行即时分析的技术,不再需要先让数据进入数据库。这也是很多公司目前使用数据的基本模式。

多样性,是指我们目前可以使用的不同类型数据。以前,我们强调的是与表格或数据库完美匹配的结构化数据,而现在,全球绝大部分数据是非结构化的(如照片或脸书状态的更新),而且难以纳入到表格中。大数据技术可以让我们利用不同类型的数据,包括电子邮件、在社交媒体上的对话、照片、传感器数据、视频数据和语音记录等,并把这些数据和相对传统的结构化数据结合到一起。在我看来,多样性是大数据中最有趣和最令人振奋的方面，因为它让我们有能力从数据中汲取更多的关键性商业洞见，而且这种能力远非以往所能及。

真实性，是指数据的混乱性或可信度。由于以往只能分析整齐有序的结构化数据，因此，我们通常认为这些数据是精确的。而现在，我们可以处理完全不稳定和不可靠的数据，比如缩写、错别字、俚语以及带有错误"#"字标签的 Twitter 主题等。在很多情况下，我们拥有的技术完全有能力处理数据中存在的不准确之处。而在某些情况下，这些偏差甚至可以带来优势——例如，谷歌在网络搜索中使用拼写差错来强化其文本预测能力。

但我认为，大数据还有第五个要素：价值（value）。如果不能创造出真正的企业价值，即便能处理巨大容量和诸多不同类型的数据，这些数据都是没有意义的。因此，尽管大数据不断增长的容量、速度和类型确实是让企业感到无比兴奋的事情，但对企业来说，价值显然才是最重要的方面。

6.1.2　结构化数据的定义

结构化数据就是位于格式化记录或文件中固定字段中的任何数据或信息，所谓的格式化记录或文件通常是指数据库或电子表格。在本质上，它是以行和列这种预先确定的方式加以组织的数据。结构化数据通常采用结构化查询语言（SQL）进行管理——SQL 是一种创建于 20 世纪 70 年代的编程语言，专门用于查询关系型数据库管理系统中的数据。

任何企业都有可能利用庞大的结构化数据。最常见的例子包括客户数据、销售数据、交易记录、财务数据、网站访问次数以及所有类型的机械数据点（如冷藏设备的温度日志）。事实上，至少就目前而言，结构化数据提供了我们当下的大部分商业洞见，尽管这种情况正在悄然发生着变化。

和非结构化数据（我们接下来将要介绍的）这个令人激动的领域相比，结构化数据的世界往往令人昏昏欲睡。我很清楚这种对比背后的原因何在。尽管结构化数据（只在当下）是最常用的数据类型，但它仅占全球可使用数据总量的 20%。其余 80% 的数据则是以非结构化格式存在的。因此，如果仅使用结构化数据，就有可能会遗漏大量的数据。这种做法的另一个问题是，结构化数据带来的洞见远不及非结构化数据那么丰富，也就是说，它对正在发生的事件只能给出非常有限的描述。因此，在使用结构化数据时，通常还需要其他数据源的配合才能提炼出更有价值的信息。例如，结构化数据可能会告诉你，你的网站在上个月的点击量下降了 25%，但你还需要利用其他形式的数据去研究为什么会出现这种情况。

但这也不是没有好处的，结构化数据的某些优势是显而易见的：使用成本非常低廉，易于存储，且易于分析。尽管性质是固化的，但非专业分析人员可以通过多种不同方式查询和使用结构化数据。而且结构化数据的功能依旧强大无比，令人惊叹。譬如，沃尔玛的交易和客户数据库包含了超过 2.5PB（1PB=1 024TB）的数据。（从这个角度来说，即使是全美国学术研究性图书馆的内容，据估计也只有 2PB。）企业可以把这些结构化的客户数据（尤其是哪个顾客购买了什么商品以及什么时候购买等数据）与各种数据源（如内部库存控制记录）结合起来，即可创建针对个别顾客量身定制的推广活动。

即使不能像沃尔玛这样拥有 2.5PB 的结构化数据（确实大多数公司无法达到这个水平），但个人的结构化数据仍然是收集信息的一个好起点。正因为如此，我才认为，完全忽略结构化数据是不可取的，结构化数据仍有很多可为企业提供的价值——特别是在与非结构化数据相结合的情况下。

6.1.3 非结构化数据和半结构化数据的定义

非结构化数据是指不能完美匹配于传统结构化格式或数据库的所有数据。非结构化数据的例子包括电子邮件对话、网站文本、社交媒体帖子、视频内容以及照片和录音等。正如我们看到的那样，非结构化数据通常以文本为主，但也可能包含日期和数字之类的数据或是图像等其他类型的数据。直到最近，所有不适合采用数据库或电子表格形式的内容通常要么被丢弃，要么使用纸张、缩微胶片以及扫描文件等形式进行存储，这种形式的数据不易进行分析。现在，随着存储能力以及对非结构化数据进行标记和分类的能力实现了飞跃式发展，当然还有分析工具领域的巨大进步（我们将在第 7 章对此做深入讨论），我们终于得以使用这些数据。

半结构化数据是指非结构化数据与结构化数据之间的重叠部分。虽然这类数据可能拥有部分适用于分析的结构（如标签或其他类型标记），但缺少数据库或电子表格所要求的某些严格结构。例如，对于一篇推文，可以按作者、发表日期、时间、长度，甚至是推文所表达的情绪进行分类，但推文内容本身往往是非结构化的。目前，我们可以自动分析推文中的文本，但显然还不能采用传统的分析方法，它需要的是一种专业化的文本分析工具。

由此，你或许会认为，处理混杂的非结构化数据的最大缺点，就是它所包含的复杂内容往往需要专门设计的软件和系统。因此，其成本可想而知。这并非不合情理，非结构化数据往往比结构化数据大得多，这意味着，你不仅需要更大、更好的存储空间，而且组织这些数据并从中提取洞见同样也更为复杂，因此，它需要专业化的数据处理系统。但所有这一切都不应让你彻底放弃非结构化数据。相反，它意味着，我们必须清楚自己的目标是什么,以及需要哪些数据才能实现这个目标,这一点至关重要——这也是避免"任务蔓延"(mission creep)并控制成本的最可靠方法。

非结构化和半结构化数据的一个最大优势,就在于数据量的丰富。在和商业相关的全部数据中,80% 来源于非结构化或半结构化数据,因此,单从数量上看,非结构化和半结构化数据要远远超过结构化数据。它们的另一个重要优势,在于能比传统的结构化数据提供更丰富的全景信息。我们这样设想,结构化数据描述的是人物、内容、地点和时间,而非结构化数据则有助于让我们理解事物背后的原因。

通过下面这个简单的例子,我们就能更轻松地处理非结构化数据。不妨设想一段猫咪玩球的视频。几年前,为了对这段视频进行分类(以便于让它出现在搜索结果中),人们还只能根据某些关键词("猫""可爱""球"或是"有趣"等)观看并标记这段视频,以便于让搜索"有趣"或"可爱猫咪"视频的人可以轻而易举地找到它。现在,我们可以使用算法自动对视频进行分类,也就是说,计算机可以观看视频,自动检测视频中的内容(甚至可以利用面部识别软件识别视频中的主体),并自动为视频加标签。知名品牌企业已开始将这项技术作为日常营销活动的一部分。我的一个朋友从事会展业务,他曾为一家知名电子制造商筹划过一场会议。就在会议开始之前,他在 Twitter 主页上分享了一张照片,这是为会议的首位发言者准备的。在照片中,尽管在舞台的背景中可以看到关于制造商的名称和公司标志,但他并没有在标签或推文中明确提到这家公司。那么,在会议后的那一周,他为什么总能在线看到关于这个品牌的针对性广告呢?因为这家制造商知道,他谈论的就是自己的公司——该公司利用自己的分析软件,可以从社交媒体评论和照片之类的非结构化数据中提取出和公司及其产品相关的任何信息。

6.1.4 内部数据的定义

内部数据是指企业目前拥有或是可能收集到的全部信息。在格式上，内部数据可以是结构化的（如客户数据库或交易记录），也可以是非结构化的（如来自客户服务电话的会话数据或来自员工访谈的反馈）。它包括企业拥有的私有信息或专有数据，也就是说，只有你的公司才能控制对这些数据的访问。内部数据有很多种，但最常见的例子包括客户和员工调查数据、客户服务电话的会话数据、销售数据、财务数据、人力资源数据、客户记录、库存控制数据、闭路电视的视频数据、来自公司机器或车辆传感器的数据以及公司网站的数据（如访问者的数量）等。

内部数据的一个缺点是，你必须维护这些数据并确保这些数据的安全。为妥善维护和保存内部数据，尤其是严格受法律保护的个人数据，都是需要花费成本的；相反，在购买外部数据时，则是由数据供应商替你承担了这些责任和义务。内部数据的另一个缺点表现为，它本身可能无法提供实现战略目标所需要的信息，因此，你可能还需要外部数据进行补充。简单地把结构化数据和非结构化数据汇总到一起，或许可以让我们看到事物的全貌，但只有把内部数据和外部数据结合起来，才能提取最有价值的洞见。

有利的方面是，内部数据的获取通常是免费的，或者成本很低，因此，在考虑数据方案时，内部数据往往是优先考虑的出发点。此外，由于你自己拥有这些数据，因而不存在访问权问题。在这种情况下，你当然不会受到第三方肆意抬价或是切断访问权的影响。至于真正的关键性业务信息，任何有关访问权和所有权的问题都是不能掉以轻心的。最后一点，内部数据确实拥有名副其实的价值，因为它完全是为你所在的企业或行业量身定做的。虽然内部数据需要一些外部数据的补充，但两者的结合显然是最重要的。

　　和结构化数据一样，虽然内部数据似乎也不那么令人兴奋或者充满创意，但它同样可以提供丰富的信息。最好的例子就是流媒体服务平台Netflix。近年来，Netflix 已开始将自己定位为内容创作者，而不只是电影和其他网络的分销渠道。在这方面，它们的战略始终依赖于内部数据——内部数据表明，Netflix 的用户对大卫·芬奇（David Fincher）导演或是由凯文·史派西（Kevin Spacey）主演的影片尤为钟情。基于此，尽管包括 HBO 和 ABC 在内的电视公司已出价购买《纸牌屋》（House of Cards）的播映权，但它们坚信，这部电视剧非常符合它们对"完美电视节目"制定的预测模型，于是，它们一反试播的惯例，立即为前两季支付了定金。通过挖掘内部数据，Netflix 取得了宝贵的针对观众的洞见，这种能力也让它们得到了回报。仅在 2015 年第四季度，它们的服务就赢得了 559 万个新用户，而 Netflix 则将缔造这一成功的最大功臣归结于"不断改进的内容"，譬如《纸牌屋》和《女子监狱》（Orange is the New Black）等电视连续剧。通过这种模式，Netflix 利用内部数据得到的洞见，大幅增加了新会员的数量，并成功地留住了老用户。

6.1.5　外部数据的定义

　　外部数据是指存在于组织以外形形色色、无穷无尽的信息。外部数据可以是公开的（如某些政府数据）或由第三方（如亚马逊）私人拥有的数据，也可以是具有结构化或非结构化格式的数据。外部数据的主要示例包括社交媒体数据、Google Trends（谷歌趋势）的数据、政府的人口普查数据、经济数据和天气数据等。现成的数据集大量存在，包括公共及私人数据库在内的这些数据集可以满足一系列需求（人口普查数据就是一个很好的例子）。但你或许还需要匹配性更强的定制型数据集。在这种情况下，我们就可以以付费方式通过第三方供应商提供或收集这些数据。

外部数据的明显缺点就是我们对这些数据没有所有权，而且通常需要付费才能访问这些数据（即便不是一贯如此，但大多数情况会是这样的）。此外，在我们需要依赖外部来源时，如果相应的数据对于关键业务功能至关重要，那么，就有可能会带来风险。此时，就需要我们在访问外部数据带来的风险和成本与不使用该数据的风险和成本之间做出权衡。你是否有必要去自找麻烦？如果不使用这些数据，你的业务会受损吗？它会妨碍你实现自己的战略目标吗？你或许会发现，放眼整体，收益可能远大于风险。

但外部数据也存在某些明显的优势。沃尔玛和亚马逊等公司拥有独立生成和管理海量数据的能力、基础设施和预算。因此，这对它们来说就是可以接受的。但很多企业甚至做梦都想不到会拥有如此之多的数据。外部数据让任何企业都能访问数据，并挖掘数据以获取商业洞见，而且无须每天都要面对存储、管理和维护数据的压力。对小企业来说，这或许是一种巨大的优势。此外，外部数据往往会比你从内部获得的所有内容都更丰富，也更复杂（或是更具时效性）。

以下案例是一个企业成功利用各种外部数据的例子。位于加利福尼亚州的 Apixio 是一家从事认知计算的医疗大数据企业。公司成立于 2009 年，它们的愿景是从数字化医疗记录中发现和提取临床知识，从而为改善治疗方案提供依据。在很大程度上，传统的循证医学要么依赖于学术研究，要么依赖于样本数量较少的随机性临床试验——但这些试验还远未在特定研究以外取得可以推广的疗效。但通过深度挖掘来自现实生活中大量以实践为基础的临床数据——哪些患者处于什么状况或是哪些治疗方案取得效果等，医疗服务供应商即可掌握大量针对个别患者的治疗方案以及如何改进治疗方案等方面的信息。为实现这个目标，Apixio 设计了一种访问和理解各种临床信息的方法。尽管电子健康记录（EHR）已存在很久，但它们最初并不是为了进行数据分析而存在的，而且这其中包含的数据也是以各种不同的系统和格式进行存储的。因此，在分析这些数据之前，Apixio 首先需要从这些不同的来源中（可能包括医生记录、医院病例以及政府的医保记录等）提取数据。对于这一系列数据，既可以在个人层面进行分析，以创建详细的患者数据模型，帮助临床医生制定更好的治疗方案，提供更多的个性化护理；也可以在各个群体之间进行汇总，以获得关于疾病流行和治疗模式等方面的更多洞见。

6.2 更多的新型数据

和以往相比，我们正在留下越来越多的数字痕迹，这一事实也为企业创造出很多新的数据类型。现在，我们可收集到的某些数据是新出现的（比如 Apple Watch 智能手表的生物识别数据），而某些数据存在已久，只是到最近才找到分析这些数据的方法（比如来自客户服务电话的对话数据）。因此，我想再花费点时间，强调一下公司可处理的一些新型数据：活动数据、对话数据、照片和视频数据以及传感器数据。有一点是必须澄清的，所有这些数据都可以归集到结构化数据或是非结构化或半结构化数据。在这里，我们简单地将数据归为一组，因为它们都代表了企业在数据和分析方面所实现的某些巨大飞跃——从而让它们成为所有数据战略不可或缺的要素。

6.2.1 活动数据

这种数据是以在线或离线形式存在、反映人类行为或活动的计算机记录。不妨思考一下，我坐下来开始创作本章内容前所进行的全部活动，我们会发现，其中的大部分活动都会留下一些可收集和分析（或是正在被收集和分析）的数字痕迹。我的电话会创建数据；按照我谈话的对象（比如我所在的银行或客户服务部门），可以对这个电话的实际内容进行记录和分析。给我妻子买一份生日礼物会创造交易数据，即使在线浏览打算购买的礼物也会创建一套数据。例如，我是从哪个网站登录互联网的，访问了哪些网站，如何在这些网站之间进行切换，哪些产品吸引了我的注意力以及我在网站上花费了多长时间。我在脸书上喜欢的或是在领英和 Twitter 上分享的所有内容，都会创建一条线索。即使我在跑步之前选择关闭手机和笔记本电脑，我的健身手环依旧会跟踪我的活动，比如跑步的距离有多远以及燃烧了多少卡路里。此外，当地的闭路电视摄像机也会拍摄下我在沿途上的影像。

完全可以想象，仅仅是如此庞大的活动数据量，就让我们很难精准确定需要收集怎样的数据。在这个问题上，尽管始终围绕战略目标有利于找到最匹配的活动数据，但是面对无所不在的数据，我们依旧难以抵挡诸多诱惑。这种做法的另一个缺点是，大多数活动数据属于非结构化数据，因而处理它们的难度和成本都是不可忽略的。

从有利的方面看，活动数据可以让我们看到顾客实际在做什么，而不是他们说自己在做什么或是你猜想他们在做什么，因此，这些信息对产品或服务的开发来说可能是至关重要的。此外，由于我们每天都在创建更多的数据，因此，几乎所有活动都会生成难以估量的数据供应。最重要的是，活动数据往往是自我生成的，这就最大限度地减少了企业的工作量。

6.2.2　对话数据

对话数据不止限于你和通话对象在电话中的交谈。你通过任何方式进行的任何对话——从使用电话发出的短信或即时消息，到电子邮件、博客评论、社交媒体帖子等，都属于对话数据。

由于对话数据可在顾客、客户、员工和供应商的情绪或其他方面提供洞见，因此，对企业来说，对话数据可能非常有价值。对话既可以提供内容数据（说什么），也能提供文本数据（如何说）。换句话说，你可以从对话参与者的措辞和情绪中了解正在发生什么。这意味着，即使对话者只是在讲述某个事件的真相，但仅从他们在语言中表现出的压力，企业即可判断出客户或者员工有多么生气或是愤怒。

显然，如果你打算记录一段谈话，你首先需要了解这种行为在你的国家会带来哪些法律后果。通常，我们不能出于个人喜好而记录顾客或员工的谈话，录制的内容必须和业务有关；另外，你还要告知对方，他们的谈话正在被录音，这样，他们可以自主选择。此外，还需要强调的是，对话数据也属于非结构化数据，这可能会提高分析的难度和成本。

从有利的方面看，对话数据可以让你实时了解客户，并准确把握客户对品牌、产品和服务的真实想法和感受。如果你希望改善自己的服务，这显然是一种非常有效的工具。

6.2.3 照片和视频数据

随着我们对智能手机的依赖与日俱增和闭路电视摄像机（尤其是在英国）的日渐普及，照片和视频图像数据呈现出爆炸式增长。以往，公司会出于安全考虑而对它们的零售店或仓库进行录像，但录像内容不会长期保存。录像内容保存在录像带上，大约一周之后，这些录像带被重复使用，以新的录像内容抹去旧的录像内容。现在，一些精于数据的商店已开始保留全部闭路电视摄像机的视频，并通过分析，对人们经过商店的方式、停下来驻足的位置、观看的对象以及观看时间进行研究，这样，商家就可以据此调整报价和开展打折销售活动。有些店面甚至使用面部识别技术精确识别每一名客户。

照片和视频数据可以创建大型文件，这对于数据的存储和管理来说可能是一件很棘手的事情。因此，一定要确保，收集和存储这种类型的数据确实是企业所必需的。但如果把收集这些数据作为一项日常工作（比如出于安全防范目的），那么，寻找更合理的方法使用这些数据或许并不需要投入太多成本。

6.2.4　传感器数据

贯穿本书，我们可以看到，随着传感器被越来越多地嵌入到产品中，传感器正在生成和传输大量的数据。即便在我们的智能手机中，都会有 GPS 传感器、加速计传感器（测量手机的移动速度）、陀螺仪（测量方向和旋转屏幕）、距离传感器（测量你和其他人、位置或物体的距离）、环境传感器（调整手机屏幕的背光亮度）和近场通信传感器（可以让你通过在付款机上挥动手机进行付款）。

但传感器数据往往缺少背景信息，而且只能反映现实的一小部分内容，这意味着，它可能需要与其他数据集结合才能取得最佳结果。但从积极的方面看，传感器数据是自己生成的，因而更有吸引力。很多设备（如智能手机）都包含可随时使用的传感器，这些传感器可用于各个方面（不妨设想一家快递公司，可以使用快递员手机中的传感器跟踪他们的送货过程）。此外，传感器数据还可以为改善效率和维修提供非常强的商业洞见。

6.3　内部数据的收集

在确定了必要的数据需求后，首先应该分析你是否已拥有了其中的某些信息，只不过这些信息还不够明显。此时，你需要考虑的是，这些不可缺少的数据是否已存在于组织内部，或者你是否有能力独立生成这些数据——也就是说，从你的系统、产品、客户或员工那里收集数据。如今，你可以对自己的应用程序、软件或数字流程收集数据，这意味着，几乎可以对企业的每一个方面进行监控和分析。

不管你身在何处进行对话，都有机会收集对话数据。假如你负责电话销售部或是客户服务部，那么，在顾客通过电话进行购物或是跟进订单交付的过程中，你就可以记录这些对话，并通过分析对话的内容和情绪获取有价值的信息。此外，在内部的文档和电子邮件以及客户发来的电子邮件中，也会提高基于文本的对话数据。

通过提问和收集答案、开展调查、组建焦点小组、邀请人们对你的产品进行评价或是在顾客登记注册过程中收集详细信息，我们就可以创建自己的数据。此外，我们还可以运行实验来收集数据，例如，通过开展市场营销活动，观察活动结果，并在必要时调整参数以寻找不同的洞见。

视频和照片数据只需使用数码相机即可取得。你或许出于安全目的已在使用视频，在这种情况下，你可以使用这些视频数据进行分析。例如，零售商可以使用闭路电视摄像机网络分析顾客是如何经过商店的，他们会在哪个位置停下来，以及哪个部分是他们看不到的。测试现有数据可以显示出哪些位置需要增加新的摄像头或系统来填补空白，改善分析效果。

交易数据为公司提供了另一个信息源泉，而且此类信息往往易于访问和分析。它可以向你显示顾客购买的商品以及购买的时间。此外，它还能显示被购买商品的摆放位置、客户如何关注到这款商品以及他们是否利用了促销政策，当然，具体内容取决于你测量的对象是什么。即使是最基本的交易记录也会给衡量销售额、监控库存水平和订购（或制造）预测提供非常有价值的线索。事实上，公司的全部财务数据都是应该考虑的，而不仅仅是交易数据。财务数据可以有很多用途，如现金流的预测以及对投资和长期业务决策的影响等。如果与其他类型数据结合使用，财务数据可以发挥更大的用途。例如，在查看内部财务数据的同时，我们还可以分析相关行业趋势以及反映宏观经济的外部数据。

最重要的是，无论是制造拖拉机或者洗衣机，还是销售保险，我们都可以将数据收集能力纳入到产品或服务的各个层面。传感器数据在这方面的作用尤为明显，今天，传感器几乎已经无所不在——从制造设备、商店大门到网球拍，无一例外。传感器具有体积小和价格适中的特点，而且可以很容易地被嵌入到产品中，它们正在给企业与顾客的互动方式带来一场革命，让企业可以深刻了解顾客如何使用自己的产品，并据此提出个性化建议。例如，瑞典汽车制造商沃尔沃就通过使用数据来提高驾驶员和乘客的体验，并创建对用户更友好的产品。通过检测汽车中的应用程序和舒适性能，沃尔沃可以了解到，用户认为哪些功能是有价值的，以及哪些功能尚未被充分利用或是被忽视，这不仅包括以流媒体服务实现内置连接的娱乐功能，还有诸如 GPS、交通事件报告、停车位置和天气信息等之类的实用工具。

很明显，内部数据或许是一个数据金矿，而且是所有高质量数据战略中不可或缺的一个组成部分。即使为获得更完整的信息而需要把内部数据和某些外部数据结合起来，对你的企业而言，你手头拥有（或有能力获得）的数据也绝对是独一无二的，因而不应被忽视。

6.4 外部数据的访问

除内部数据以外，我们还可以使用已经存在的外部数据。随着越来越多的公司将数据视为业务商品，数据市场正在悄然形成，在这个市场上，几乎所有组织都可以购买、出售和交易数据。（事实上，很多公司的核心业务就是向其他公司提供数据。）Experian 就是一个以出售数据为主的公司，当然，还有亚马逊和IBM这样的大公司。但也有很多规模更小、更专注于行业的数据供应商。因此，不管你需要的数据有多么专业，都有可能会有人在收集这样的数据。此外，开放性的政府数据计划、科研机构和其他非营利机构也在收集和分享大量有价值的数据。今天，大多数政府都在致力于最大限度地提高免费数据，这或将成为人口、天气和犯罪统计等数据的一个重要来源。

　　显然，社交媒体平台是一个不可忽视的重要数据来源，它们可以提供丰富的客户信息。例如，你可以使用情感分析技术了解客户对产品或在线服务的观点。脸书很有可能是你寻找社交媒体大数据的第一站。脸书的数据涵盖了文本数据、照片数据、视频数据以及用户偏好等方面。所有这些数据都是可以分析的，并将分析结果用于你的企业——不管你的目标是促销活动，还是为了解居住在某个地区的孕妇人数。脸书可以对顾客信息进行极富价值的分解，并对它们拥有的全部数据进行分析（尽管部分信息需要付费购买，但很多是可以免费获取的）。在用户的脸书档案中，虽然某些信息属于私人信息（取决于用户对设置的精准程度），但很多信息则是可公开的。脸书开发的 Graph API（应用程序接口）可用于查询用户对外共享的大量信息。即使用户将隐私设置提高到了最高水平（实际上，很多人不会这么做），但脸书依旧可让企业了解到用户在说什么，只是不是哪个人具体说了这些话。

　　Twitter 是数据源的另一个绝佳示例。只要 Twitter 用户提到一家公司或一种产品时，Twitter 上的所有人就能看到这家公司或这种产品，当然包括公司自己。即使 Twitter 的文章并未具体提到某种产品，公司也可以鉴别出照片中是否有它们的产品。这方面的例子可以包括：饮料公司寻找饮用其产品的照片，餐馆寻找食客在其餐厅里拍摄的照片，或是时装店寻找穿戴其衣服的人。此外，你还可以对在 Twitter 上发布的评论进行情感分析，了解对某种产品或服务的市场接受程度的信息，感受顾客满意度，并对发现的问题及时处理。情感分析提供的信息可以帮助我们了解用户的感受、意见和体验，而且无须逐条阅读每一篇推文。在 Twitter 情感分析的另一个例子中，研究人员能够预测哪些女性最有可能出现产后抑郁症。他们对 Twitter 上的帖子进行分析，寻找分娩前几周的语言线索。他们发现，消极的语言和词汇暗示着孕妇情绪低落，而"我"这个词使用得越多，表明出现产后抑郁症的概率也越大。

Google Trends 是一个强大的多功能工具，它可以提供 2004 年以来任何既定词汇的搜索次数（占总搜索次数的比例）。这样，我们就可以看到某个短语或单词被搜索的频率及其随时间推移是如何变化的，此外，你还可以将搜索结果缩小为你所在的地区。这显然有助于我们了解某个行业的变化趋势、当下的流行特点以及哪些商品正在越来越受欢迎（或不太受欢迎）。这无疑是了解消费者兴趣的一个好方法。

政府提供的数据集也是非常有价值的。2013 年，美国政府承诺，通过 data.gov 网站向公众免费提供全部政府数据，该网站绝对是一个信息大宝库。作为各种政府数据的门户，它提供的数据从气候到犯罪率，一应俱全。你可以将这些数据用于研究目的，也可以作为开发 Web 和移动应用程序的工具。类似网站在英国则是 data.gov.uk。

人口普查数据是提供人口数据、地理数据和教育数据的重要来源。这种人口统计数据可以成为一种极富说服力的趋势指标，假如你正在开发新产品或新服务，这种数据会让你受益匪浅。此外，它还有助于我们针对特定地区的人口开发针对性产品或服务。

美国国家气候数据中心或英国气象局提供的天气数据可用于多种场合，例如，估算客户数量，规划员工数量，或是确定某个周末的冰淇淋库存水平。

我们可以通过成千上万种方案访问外部数据源，而且可选方案的数量每天都在增加。通过这种方式，很多组织会发现，它们需要的数据已经存在，或者至少大部分已存在，这大大减少了它们需要在内部收集和存储的数据量。切记，你只需寻找自己需要的数据，也就是说，最能帮助你实现战略目标的数据。如果某个数据供应商的数据不能帮你实现这个目标，那么，它们的数据集无论有多大或者多令人印象深刻，对你来说也毫无意义，因为它不适合你。

6.5　如果你需要的数据尚不存在

假如最适合你的数据还不存在，那么，你就必须想办法去生成和收集这些数据。在很多门类和行业，企业都在争先恐后地收集新数据，并试图将这些数据转化为价值。在这种情况下，最早收集这些数据的公司往往会拥有明显的先发优势。

Springg 是一家农业数据公司，它提出了一种收集和分析待升级数据的方法——所谓的待升级数据，是指以前尚未被发展中国家所得到并利用的数据。这家公司认识到，相同数据带给发展中国家农民的益处与带给发达国家的农民的益处一样，比如，土壤质量数据就属于这样的数据。但在农村和欠发达地区，如果采用将土壤样品送到实验室进行分析的方法，其过程可能需要数周时间，这可能对农民当下的作物季节带来巨大的负面影响。因此，没有人愿意投入精力去收集这些数据，农民也就没有任何数据可用。鉴于此，Springg 建立了拥有物联网设备的移动测试中心，这些设备可进行远程的土壤检验，并即时给出检验结果，而后，再把数据传回中央存储库，和所有其他土壤样本一并进行深入分析。显然，这些信息给参与检验的农民带来了实惠，而对 Springg 来说，这同样是一次了不起的胜利，因为它在此前从未涉足的地区收集到了土壤条件方面的综合数据。另一方面，考虑到这些信息对农产品市场和其他企业的价值是真实存在的，因此，Springg 可以凭借在这个数据市场中拥有的先发地位而获得收益。凭借这种创新方式去收集新的数据，可以为企业带来独一无二的先发优势。在数据和分析领域，这个规律或多或少都是成立的。譬如，气象公司持续在寻求以最新的方式采集数据。

　　这种定制型数据收集方式需要一套复杂的设备和技术网络，这个系统可以包括无线网络、智能手机、物联网传感器以及弹性通信协议等。但它所带来的竞争优势和财务优势也可能是显而易见的。如果远见卓识和创造力促使一家公司为收集、分析和使用未曾使用的数据而构建相应的（物理和技术）基础设施，收集和"发现"这些数据所带来的各种权利和收益，也会使这家公司深受裨益。

注解

1. 早在 2001 年，META 集团（目前的 Gartner 咨询集团）分析师多格·兰尼（Doug Laney）就从如下三个维度定义了数据增长战略的挑战：数量、速度和品种的增加。这些维度随后又得到 IBM 等其他企业的拓展，如下链接中显示的信息图，即为它们针对数据战略归纳出的四个基本特征：
http://www.ibmbigdatahub.com/infographic/four-vs-big-data

第 7 章　将数据转化为洞见

在确定了适用于企业的理想数据之后，我们的下一步工作，就是确定如何将这些数据转化为有价值的洞见和应用程序。分析就是收集、处理和分析数据的过程，旨在生成有助于改善企业运作方式的洞见。在大多数情况下，这个过程的内涵就是以采用计算机算法的软件为基础进行分析。通过使用算法和分析工具分析数据，我们可以提取必要的信息，解答关键性业务问题，提高运营绩效，兑现数据的货币化并实现公司战略目标。数据和分析就像同一枚硬币的两个面。毕竟，即使拥有这些业务数据并捕获令人兴奋的新数据类型，但如果不打算对它们做任何处理，那又有什么意义呢？分析能让我们掌握新的知识，更多地了解我们所处的经营环境，并在整个组织范围内实现改进。正是通过这种方式，分析才让我们得以实现大数据的第五个层面：价值（value）。

因此，在任何值得信赖的数据战略中，一个不可缺少的方面就是必须规划好如何对数据进行分析。反过来，这又会影响到必不可少的数据基础设施和能力（对此我们将在第 8 章和第 9 章中做进一步探讨）。我们采用的分析技术将取决于我们的战略目标。和收集数据一样，在确定最佳业务方案之前，我们同样需要理解各种分析方法的可行性。因此，在本章中，我们将探讨长期以来分析是如何演变的，并对当下企业正在使用的一些关键分析方法进行剖析。

但需要提醒的是，分析会带来诸多令人振奋的机会，面对这些诱惑，我们往往会难以自拔。今天的组织正在使用分析工具创造出令人赞叹的奇迹，不过，适用于其他企业的方法可能未必适用于你的企业。因此，要创建一个强大的数据战略，我们所面对的最大挑战，就是如何为自己找到最高效、最易用和最可行的分析方法。话虽如此，分析、人工智能和机器学习的发展如此神速，以至于我们完全有理由假设，从数据中提取价值的改进性新方法很快就会出现，而且可能快得让你措手不及。因此，尽管有必要了解目前现有或是可采用的分析方法，并从中找出当下最适合企业的方法，但同样值得做的一件事是，罗列出我们希望将来如何分析数据。显而易见，我们同样有理由假设，其中的某些甚至是全部分析方法都将在不久的将来成为现实。

7.1 分析技术的进化方式

正如我们在第 6 章里看到的那样，我们正处在一个数据大爆炸的时代中。数据的容量和类型持续增长，推动了分析技术的巨大飞跃。以往，当我们希望收集和分析数据以了解数据带给我们的启示时，首先需要将这些数据纳入到结构化数据库中，而且我们也只能利用 SQL 工具进行数据查询。这看似很基础，但实际上效果甚佳。使用数据库和 SQL 分析技术，企业可以管理库存水平、跟踪订单、记录客户信息，并了解销售情况和收入的构成和状态。有了数据库技术，即便是非专业分析人员也可以轻而易举地看到，产品 X 在去年 11 月份的销售数量是多少，然后，你就可以从这个数据出发，对今年圣诞节的库存数量做出决策。你还可以了解到你销售了哪些产品、在什么时候卖掉的、卖给了谁以及卖了多少。因此，数十年以来，企业一直在以这种方式处理结构化数据。但对非结构化数据（不能无缝插入到数据库或电子表格中的数据）而言，要分析这些数据并获得有用信息几乎是不可能的（或是要耗费大量的时间和成本）。现在，我们已无须使用数据库技术或结构从数据中提取信息。分析技术的进步，已经让我们可以得心应手地处理各类数据，无论是结构化数据或者非结构化数据，还是电子表格、脸书或者安全视频数据，无一例外。

正如我们在第 1 章中所看到的那样，人类正在创造着远超过以往任何时代的数据——每两天生成的数据量，即可达到我们在 2003 年以前创造的全部数据量。这自然给我们提供了更多可供处理的数据，也为从数据中提取关键性商业洞见创造了更多的机遇。我们每天都能看到 45 亿条脸书上的点赞和 5 亿条新推文，这种数据在 12 年前还没有出现，即便是在 5 年前也少得可怜。所有这些数据，为公司创造了一个前所未有的空间，让它们有更多的机会去了解自己的生存世界——从顾客的真实想法和实际行为，到谁有可能购买哪些产品以及购买的时间，再到如何充分利用机器和流程，无所不包。

云计算在很大程度上依赖于分析技术的这些飞跃式发展，二者密不可分。云计算为我们提供了越来越强的存储能力和计算能力。离开了这个前提，我们就无法存储和分析当下类型繁多、规模巨大的数据。正是得益于存储和计算能力的提高，今天，我们才能对来自各种数据源（甚至是实时数据）的快速移动的海量数据展开分析，并从中提取前所未有的洞见。凭借 Hadoop 这样的存储系统（我们将在第 8 章中加以介绍），企业对数据库的存储和分析能力远远超过单一存储设备（如硬盘）的数据容量和访问能力。而分布式计算则意味着，可以把针对大容量数据进行的分析分布在众多不同的计算机上，使得每台计算机仅承担整个分析任务中的一小部分。通过这样的方式将分析任务进行分解，自然会大大提升分析的速度和效率，成本效益当然也会随之改善。

7.2　了解不同类型的分析技术

分析数据的工具和技术有多种多样，它可以包括文本分析、视频分析以及情感分析等。在过去几年中，大量新的分析工具陆续出现，大大改善了我们的数据分析能力。每一周，我们都能看到市场上涌现出新的企业，以这样或那样的方式为企业提供新的数据分析能力。但面对如此令人眼花缭乱的选项，我们或许一时难以决定应该在什么时候使用什么方法。为此，我们将介绍当下企业经常使用的一些主要分析工具，以及这些工具的适用场合。但几乎在每一个时点，市场上都存在着大量可简化这些分析过程的工具。

7.2.1　文本分析

文本分析也被称为文本挖掘，是指从大量非结构化文本数据中提取价值的过程。在备忘录、公司文件、电子邮件、文字报告、新闻稿件、客户记录和沟通、网站、博客和社交媒体帖子中，均存在着大量基于文本的数据。但直到最近，我们还很难充分利用这种类型的数据。尽管文本采用的是易于人类理解的结构，但是从分析角度看，文本数据则属于非结构化数据，因为这种数据不能无缝插入到关系型数据库或电子表格的行和列中。因此，对庞大的文本数据集进行访问并改善分析技术，就意味着要通过分析文本，在文本表面含义以外提取出更有价值的额外信息。例如，通过评估文本信息，可以了解顾客积极反馈的数量变化规律或是可能带来产品或服务改进的商业模式。

目前，我们在分析文本时可采取的一些方法包括：

● 文本分类：给文本添加某种结构，以便于根据作者、主题和日期等特征对文本进行分类。

● 文本聚类：将文本按主题或类别进行分组，以便于对文本进行过滤。搜索引擎始终在使用这种技术。

● 概念提取：聚焦于和手头任务相关性最强的文本。

● 情感评估：从文本中提取意见或观点，并将其划分为正面、负面或中性（更多内容见下文）。

● 文档汇总：对文档进行提炼，从中挖掘出问题的关键点。

文本分析有助于我们从文本中获得更多信息，使得我们能更好地理解页面或屏幕上的文字。因此，对更多地了解顾客尤为重要。此外，还可以在内部使用这种方法，对员工的语言进行分析。比如，我了解到，一家组织就在采用文本分析技术扫描和分析员工发送的电子邮件内容及其发表的社交媒体评论。这让它能够准确了解员工对工作的参与程度，这意味着，它无须再开展费时费力的传统的员工调查。

7.2.2 情感分析

情感分析也被称为意见挖掘，旨在从文本、视频或音频数据中提取主观意见或观点。这种方法的基本目标，就是确定个人或团体对特定主题或整体情境的态度。情感或态度可以表现为判断、评价或情绪反应。

如果你想了解利益相关者的意见，就可以使用情感分析技术。情感分析旨在了解沟通背后的真实背景，这样，企业就可以判断出利益相关者对其产品、业务及品牌的态度是积极、消极还是中立的，从而做出更合理的决策。先进的"超级"情感分析甚至还可以对相应的情感状态进行分类。例如，通过文本、音调或面部表情，可以判断一个人的情绪是沮丧、愤怒还是高兴。早在几十年之前，我们就已经知道，我们的全部理解中，仅有 7% 是通过沟通和表达的语言带来的。也就是说，我们的绝大部分沟通是通过肢体语言和音调等非语言方式进行的，现在，我们可以大规模地对这些非语言方式的沟通进行分析。随着社交媒体、博客和社交网络的兴起，这种类型的分析越来越受欢迎，通过这些手段，人们更容易分享对各种事物（包括公司和产品）的想法和感受。

7.2.3 图像分析

这是一个从照片、医学图像或图形等图像中提取信息、内涵和洞见的过程。作为一个过程，它在很大程度上依赖于模式识别、数字几何及信号处理技术。以往，针对图像唯一可以实现的分析是通过人眼或使用计算机进行的，通过对人工添加到图像中的描述性关键字（如"可爱"和"猫"）进行评估，从而帮助人们找到图像的含义。现在，图像分析技术已非常复杂。对照片来说，数码摄影所包含的信息远比你想象得要多：根据嵌入照片的 GPS 坐标，它可以识别出照片的拍摄时间和拍摄地点；通过对所有附加属性进行分析，可以提取出图像表面内容以外的更多信息。

图像分析的使用可采用多种方式，例如，用于安全目的的面部识别，或在社交媒体平台上共享的照片中对品牌或产品进行识别。赌场目前已在使用图像分析技术识别出现频率较高的顾客，以便于为他们提供特殊服务——当然，也可能是为了识别赌场需要拒之门外的人。不过要铭记的是，尽管图像分析确实令人兴奋，但这项技术只能在解答关键战略问题或实现长期目标方面发挥一臂之力。

7.2.4 视频分析

视频分析是从视频素材中提取信息、内涵和洞见的过程。它不仅可以执行图像分析的全部功能，而且还能对行为进行测量和跟踪。

如果想提高安全性、更多了解哪些人在参观你的店面或场所以及他们到来后做了些什么，那么，你可以使用视频分析技术。例如，在今天，无须任何额外的基础设施，我们即可从安装在零售店面中的不同闭路电视摄像机收集视频数据，再将这些数据上传到云服务器，通过分析镜头，我们就能看到顾客的行为以及他们在商店中的移动方式。这些数据可以帮助我们获得很多信息，譬如，有多少人在某个展品或价签前驻足，他们在这个位置上停留了多久，以及这种行为是否可转化为销售。

此外，我们还可以使用视频分析来降低成本和风险，为制定决策提供依据。例如，目前就有一款软件，可以让我们全天候对某个位置进行自动监控。然后，利用视频及行为分析解决方案对录像内容进行分析，并在出现任何异常或可疑活动时，实时发出报警。只要安装并提供最初的视频输入，软件即可观察环境，学会区分正常行为和异常行为。此外，这个系统具有自我修正功能，也就是说，它能不断完善自己对各种行为做出的判断，而无须由人来为它进行参数定义。

7.2.5　语音分析

语音分析也被称为语言分析，它是从对话的音频数据中提取信息的过程。这种分析形式不仅适用于音频主题及其实际采用的单词和短语，还可以分析对话的情感内容。

如果一个企业要想生存下去并在竞争中保持领先地位，那么，它就必须让顾客永远保持满意。假如你的产品或服务需要技术支持，或者你拥有一个大型客服呼叫中心，那么，语音分析就可以发挥一技之长，它不仅有助于维护和建立稳定的顾客关系，还能凸显某些亟待解决的问题。例如，我们可以使用语音分析识别被顾客经常投诉的问题，或是反复出现的技术性问题。这些洞见可以帮助我们及时发现问题隐患，在顾客将问题诉诸社交媒体之前将它们遏制在萌芽之中。

语音分析也可以用来识别你的顾客是否感到不安。针对呼叫中心发生的对话，通过分析音调和语调，我们可以判断顾客的情绪状态，并在顾客发怒或沮丧时迅速实施干预。此外，这种分析方法还非常有助于识别业绩不佳的客户服务代表，以便于为他们提供更多的培训或指导。

7.2.6　数据挖掘

数据挖掘是一个适用于任何形式大规模信息处理的流行术语或泛型描述，不过，这个定义似乎还不够精确。实际上，数据挖掘是一个旨在探索数据，尤其是超大规模业务相关数据集的分析过程，寻找与商业相关的洞见、模式或变量之间的关系，从而达到提高绩效的目标。从本质上说，数据挖掘是一个人工智能、统计学、数据库系统、数据库研究和机器学习的混合体。在现实中，数据挖掘过程就是对大数据集进行自动或半自动分析，提取以前未知的模式、异常情况或是可以利用的因果关系。

这个过程由三个阶段构成，分别为：（1）初步探索；（2）模型的构建和验证；（3）部署。

数据挖掘的终极目标是预测。因此，如果你拥有大数据集并希望从这个数据集中提取有助于未来业务发展的数据，那么，你就进行数据挖掘。显然，未来的预测能力在商业上是有益的，它不仅可以降低成本、协助规划和战略，而且依靠数据挖掘取得的洞见很有可能会彻底改变企业的发展方向。

此外，从数据挖掘中提取的洞见还可以指导决策过程，降低运营风险。即便如此，还是有一点需要强调：尽管数据挖掘可以为我们指出模式、异常现象或者相互依赖关系，但它未必能揭示这些模式、异常现象或相关依赖关系背后的原因。因此，如果"为什么"对我们至关重要，那么，深入分析显然就是不可缺少的。

7.2.7　业务实验

业务实验、实验性设计以及 A/B 测试，都是测试某些事物有效性的技术，譬如战略假设、新产品包装或者营销方法。从根本上说，业务实验是在组织的某部分尝试某个事情，而后，和另一个未开展实验的部分（作为控制组）进行比较。在本质上，业务实验可以帮助我们在面对两个或更多方案时做出选择。不管你想了解品牌受损的可能性还是企业的财务和时间成本，在更易控制的较小规模上对各种方案进行测试，都可以让你确定哪个方案更有可能带来最优结果。此外，由实验取得的反馈可以帮助我们进一步完善和改进最优方案，使其更有效。

分析技术专家托马斯·达文波特（Thomas H Davenport）将进行业务实验的基本过程概括为如下四个方面：（1）创建假设；（2）设计实验；（3）运行实验；（4）分析结果和跟进。业务实验的最大优势或许就在于，它能让你在无须承担巨大成本和风险的前提下进行测试。

7.2.8　视觉分析

我们可以用不同方式分析数据，而最简单的分析方法就是创建一个画面或图形，并从中发现规律和趋势。这是一种将数据分析与数据可视化及人机交互技术结合起来的综合性方法。如果你试图理解大量的数据，或是由于面对的问题非常复杂而需动用额外的计算能力，那么，你就尤其适用于这种方法。

从本质上说，视觉分析可以帮助我们识别数据中的模式和趋势，让你拥有的超大规模数据能被每个人访问和理解，而不仅是数据科研人员或统计人员。因此，弥合数据和洞察力之间的差距是非常重要的，但前提是必须始终着眼于真正有价值的数据。视觉分析技术确实可以用一千种方式表现和操作数据，但这并不意味着，我们必须要用一千种方式去表现和操作数据！请记住，只关注你需要回答的问题。

7.2.9　相关性分析

这种统计技术可帮助我们确定两个独立变量之间是否存在相关性，以及这种相关性的强烈程度。这种类型的分析仅适用于可以用数字定量和表示的数据，但不适用于分类性数据，如性别、购买的品牌或颜色等。分析结果是一个介于 +1 和 -1 之间的单个数字，这个数字反映了两个变量之间的相关程度。如果结果是正数，则表示两个变量之间存在正相关的关系，即当一个变量增加时，另一个变量也会增加。如果结果为负数，表明两个变量是负相关的，即一个变量增加时，另一个变量减少。

假如我们认为两个变量之间存在相关性，并试图验证自己的假设，那么，我们就应进行相关性分析。例如，你或许认为，温度会影响你的销售额。此时，相关性分析就可以帮你验证这个假设是否属实。或者说，如果我们想知道哪对变量之间的相关性更强，也可以使用相关性分析。例如，我们可能想知道，和一年中的不同时段相比，温度对销售额的影响是否更强。最后，我们还可以使用这种分析进行投机性的预测：看看未来可能会发生什么。有时，相关性分析会带来意想不到的结果：即为深入分析和潜在用途提供佐证。例如，沃尔玛发现，"波普挞"（Pop-Tarts）蓝莓果饼干的销量和飓风警报之间存在着意想不到的相关性。从表面上看，在美国出现极端恶劣的天气警报时，"波普挞"的销售额就会增加。为此，每当气象部门发布飓风警报之后，沃尔玛就会把"波普挞"饼干摆放在门店中最靠近入口的位置，进一步增加了这款商品的销售额。

我们可以使用被称为"皮尔逊相关系数"（Pearson Correlation Coefficient）的人工计算进行相关性分析，或者说，可使用某一种相关性工具进行市场分析，以达到简化流程的目的。

7.2.10 回归分析

回归分析是研究变量之间关系的一种统计工具，例如，价格和产品需求之间是否存在因果关系。回归分析经常与相关性分析结合使用，因此，通常很难彻底将它们区分开来。从本质上说，回归分析的功能就是识别两个变量之间的关系，并跟踪这种关系的变化趋势，而后，据此可以对未来进行预测。而相关性分析探讨的则是这种关系的强度。

如果我们认为，一个变量正在影响另一个变量，并且希望验证是否真如自己的假设一样，那么，就应该使用回归分析。此外，我们还可以衡量这种预期关系的"统计显著性"。换句话说，你有多确信变量之间存在某种密切、进而可预测的关系。

在开始进行任何回归分析时，我们首先需要对感兴趣的变量之间的关系做出假设。例如，你可能会相信，受教育程度越高的人，其收入就会越多。这个观点的初步假设可能是："在其他所有条件相同的情况下，更高的教育程度会带来更多的收入"。然后，我们就需要使用回归模型来检验这个假设。

7.2.11　情景分析

情景分析也被称为水平分析或总收益分析，在这个分析过程中，我们会考虑各种可能的结果，从而对每一种可能发生的未来事件或情景进行分析。通过对实施具体决策或行动方案所需要的细节进行全面规划，我们不仅可以观察到可能出现的最终结果，还可以对实现该结果的过程进行可行性分析。通常，只有真正考虑到一个想法在实现过程中可能遇到的每一种情况时，我们才能完整地理解这个想法。因此，在情景分析中，无须像实际执行过程那样投入时间和成本，我们就可以全面考虑各种有可能出现的结果以及实现过程，并据此提高决策质量。而且情景分析既不依赖历史数据，也不会预期未来是历史的再现，或是以历史去推断未来；相反，它考虑的是未来一切有可能发生的事件和转折点。

如果不能确定应采取哪个决策或者采取何种行动，就应该进行情景分析。如果决策影响重大，例如决策实施需投入大量的时间或金钱，或者决策失败会导致企业走向绝境，那么，这种方法可能尤为重要。它可以评估不同战略方案未来可能实现的结果，或者将同一事件从三个角度得到的不同情景组合起来：乐观状态、悲观状态以及最可能状态。这种尤其适用于战略或决策实施过程尚不确定的情况，因为这个流程会促使你真正投入到被检验的情景中。这种高强度参与有助于预测每一种决策的优点和缺陷，从而降低未来的实施风险，并引导你做出最优选择。

情景规划通常由如下五个阶段组成：（1）对问题做出定义；（2）收集数据；（3）区分确定性要素和不确定性要素；（4）开发情景；（5）将结果运用到规划中。

7.2.12 预测 / 时间序列分析

时间序列数据是在均匀的时间间隔点上收集到的数据，如富时指数（FTSE）的收盘价或泰晤士河（Thames）每年的水流量。利用这种在特定时点持续取得的数据，可以绘制出事物的变化趋势。时间序列分析的内容就是研究这些数据，并从中提取出有意义的统计或数据特征。通过分析时间序列数据，我们可以识别出有助于推断未来的模式。

因此，要评估事物随时间的变化规律或是根据过去已发生的事件预测未来事件，我们就可以使用时间序列来分析。时间序列数据通常被绘制为折线图，这种分析常用于统计、模式识别、数学、金融和天气预报，包括恶劣天气或地震的预测等。进行时间序列分析的两个最常见过程是自回归过程和移动平均过程。两者均涉及非常复杂的方程，因此，外购商业分析工具或许更可取。

7.2.13 蒙特卡罗模拟法

这是一种依靠数学方法解决问题及评估风险的技术，它使用计算机对随机变量进行模拟，从而对特定结果的概率和风险进行近似性计算。在本质上，这种技术可以显示发生极端情况的可能性。通对解析从最悲观情景、到中间情景、再到最乐观情景下的结果以及发生各种情况的概率，我们可以更好地理解预期行动方案的风险及收益。

如果要更好地理解具体行动方案、策略、计划或决策的含义和影响，我们就可以使用蒙特卡罗模拟法。这种方法尤其适用于必要假设存在高度不确定性时的情况。例如，你正在考虑推出一款新产品，那么，你自然要考虑很多的未知变量。此时，你根本就不知道这款新产品需要多长时间才能得到完善，而且也不知道需要多长时间生产产品并消除产品瑕疵。蒙特卡罗模拟有助于限制风险，因为通过这种方法，我们可以提高策略执行的确定性，充分认识最悲观和最乐观情景下的策略执行结果。这种方法常用于融资、项目管理、制造、工程、研发、保险、石油天然气和交通运输等领域。

7.2.14　线性规划

线性规划也被称为线性优化，这是一种利用线性数学模型，在存在约束变量的条件下，识别项目实施的最优结果的方法。它可以帮助我们解决最小化和最大化之类的问题——譬如，在成本最小化的情况下如何实现利润的最大化。在这种情况下，考虑到材料和劳动力成本的限制，我们可以使用线性规划确定"最佳"产量，以在这些前提下实现利润最大化。

显然，实现资源优化是一项重要的业务能力。因此，如果存在时间和原材料等诸多约束条件，要想找到可实现利润最大化的最优组合或是资源配置方式，我们就可以采用线性规划。从本质上来说，这种方法尤其适用于以指导决策和增加收入等为目标的资源分配过程。可有效使用线性规划技术的行业包括运输、能源、电信和制造业等。

7.2.15　同期群分析

同期群分析（cohort analysis）是行为分析技术的一个子集，这种方法可以让我们对群组在一定时间段内的行为进行持续研究。在这种情况下，群组或同期群是数据点或企业相关利益者的集合，这些数据可以来自电子商务平台、网络应用程序或销售数据。被分析的同期群通常具有共同特征，这样，我们可以对同期群中的数据进行比较，并从中提取一些可能有价值的信息。被评估的行为可以是你本人和所在企业的任何方面。

这种技术的真正价值在于，它可以让我们更清楚地认识到存在于数据中的模式——如果没有把这些数据群聚集在一起，我们就有可能无法注意到这种模式的存在。通过深入研究每个具体的同期群，我们可以更好地了解整个群组的行为。显然，在了解了某个特定同期群或群组的行为时，我们就可以据此修改研究方法，以不断改善行为的结果。

这种同期群分析尤其适用于深入了解一组利益相关者（如客户或员工）的行为。在这种情况下，我们不必贸然观察所有顾客在做什么，或者他们对新产品或新服务的调整做何反应，相反，只要把利益相关者划分为若干具有共同特征的群组，我们即可对事实取得更精确的认识。通过这种方式，同期群分析可以为我们的决策提供指导，特别是有可能改变重要利益相关者群体行为的那些决策。例如，如果你发现，公司的大部分销售对象是年龄在 35~45 岁之间的女性，那么，你可以对营销和广告策略做相应调整，以深入发掘这个有利可图的市场，进一步提高销售额。

7.2.16 因子分析

因子分析（factor analysis）也被称为因素分析，它是对各种进行数据简化和结构检测的统计技术的统称。这种方法可减少数据中的变量数量，从而增加数据的使用价值。在现代商业中，我们常常要面对难以应对的海量数据，在某些情况下，太多的数据反而没有任何意义，以至于和没有任何数据一样。因此，减少数据中的变量，可以让我们更容易发现存在于这些变量之间的关系，从而降低对这些变量进行分类的难度。

因子分析有助于从庞大的数据集中提取有价值的洞见。此外，它还可以帮助我们识别出有利于指导战略规划和改进决策过程的因果关系。因此，如果需要深入分析和理解大量变量之间的相互关系，并根据其共同的基本维度或因素来解释这些变量，那么，我们就应该使用因子分析技术。如果我们已经收集到大量关于顾客或员工的定量数据和定性数据，以及他们对公司的观点和感受，那么，因子分析就有可能发挥巨大的作用，但前提是我们能找到变量之间的相互依赖关系，并认识到哪些变量会影响到结果。例如，如果你意识到公司员工的流动率太高，但你不确定原因，那么，你就可以进行离职面谈，并开展员工调查。但这些数据本身可能无法清晰反映企业中到底发生了什么。因此，如果能识别出所有可能导致员工离职的主要因素，那么，你就可以使用因子分析评估这些因素与高离职率之间的相关性，并据此确定有助于解决或者至少可以缓解高离职率的方案。

7.2.17 神经网络分析

神经网络是一种模拟人脑运行方式的计算机程序，它可以处理大量信息，并以类似于人脑思维的方式从数据中识别出模式。因此，神经网络分析（neural network analysis）就是对构成神经网络的数学建模进行分析的过程。由于神经网络能识别模式并学会不断提高识别能力，因此，它们所提供的洞见有助于进行预测。而后，我们再对这些预测进行检验，并利用由此得到的结果改善决策质量和绩效水平。神经网络已被用于创建人体模型，这样，医疗健康专业人员在实际实施某些医疗干预之前，可以对可能产生的结果进行测试。因此，这些模拟可以为医生做出正确决策提供更多的信息。

这种技术尤其适用于拥有大量数据并试图使用这些数据预测未来的

情况。神经网络不仅可用于医疗健康行业，也可被广泛应用到银行业和防欺诈等方面。在企业中，神经网络分析可以帮助我们改善销售预测的准确性，提高顾客研究和目标市场营销的有效性。此外，对神经网络的分析还可以简化制造流程和评估风险。需要提醒的是，神经网络分析是一种复杂的分析方法，它通常需要神经网络分析专家的参与，并采用专业性软件。

7.2.18　元分析 / 文献分析

元分析（meta analysis）这个术语是指对某个领域以往分析结果进行的综合研究，以期识别在已存在的文献和研究结果中找出规律、趋势或是有价值的关系。从根本上说，它是对以往的研究进行的再研究。从理论上讲，元分析是一种统计学方法，它把诸多来源的数据结合起来，从而为相关区域的研究提供更广泛、更丰富和更准确的洞见。数据使用得越多，元分析的结果就越精确。

如果你试图在不亲自进行任何研究的基础上了解相关领域的基本观点，就可以采用这种分析技术。只要是相关研究结果在公开领域可查询到或是相对易于获取，这种方法就会远比你自己进行分析要方便得多。元分析尤其适用于打算进入新市场或是新地域的研究。如果你没有在这个市场或地域开展运营的经验，那么，对你的产品或服务在这个市场上的购买行为以及是否适合这个市场做出一些假设，显然是非常有意义的。但如果已经有人对这个新市场或地域进行过研究，即便这些研究讨论的是不同的产品或服务，你仍然可以收集并调整这些研究，从中识别出有可能影响到你的产品决策的行为模式，从而最大限度地降低风险。

7.3　高级分析：机器学习、深度学习和认知计算

以上是企业目前常用的一些分析工具。但是像机器学习、深度学习

和认知计算之类更先进的分析工具，已经越来越成为商业决策和运营中不可分割的一部分。至于这些方法是否适用于你的企业，则取决于你希望通过数据实现的目标，但我们完全有理由认为，这些高级分析方法不及情感分析或业务实验那么普及。但情况正在悄无声息地发生着变化。因此，即使这些技术目前还没有在你的企业中得到使用，但每个企业的领导人都应该认识到高级分析技术的巨大潜力。

机器学习和深度学习的实质就是把数据输入到机器中，然后在无须人为参与的情况下根据这些数据确定最优行动方案。这意味着，不必为计算机进行复杂的编程，而是由计算机自己来不断修改和完善算法。得益于这些具有自主学习能力的算法，机器在根本上实现了利用所获得的数据进行学习，并自主决定随后的运行方法。有的时候，机器的决定也会促使人们采取某种行动（比如，当某件事物需要维修或者更换时，就会把这项任务交给人类来完成）。但计算机已开始学会进行更多的自主干预。

任何在学校里学过计算机编程课程的人都会记得，计算机需要一套非常精密的指令来完成任务。任务越复杂，需要的指令就越复杂。而机器学习和深度学习与传统编程有着本质区别。程序员无须告诉计算机该如何解决问题，而应该告诉它该如何学会自己去解决问题。简而言之，机器学习的实质就是把统计学应用于学习，以便于识别隐藏在数据中的模式，并根据这些模式进行预测。深度学习和机器学习的起源可以追溯到 20 世纪 50 年代，当时，计算机科学家们开始教计算机学会玩跳棋。从此开始，随着计算能力的不断提高，计算机可识别模式的复杂性也随之提高，因此，它可以进行的预测以及可以解决的问题也日趋复杂。

按照同样的原理，认知计算则融合了计算机科学和对人脑及其功能进行研究的认知科学。认知计算的目标在于使用计算机模型来模拟人的思维过程。因此，利用自我学习算法，计算机可以模仿人脑的工作方式。数十年来，尽管计算机在计算和处理方面的发展速度远超过人类，但它们依旧无法完成很多对人类而言还是理所当然的任务，比如，理解自然语言或识别图像中的具体对象等。IBM 的沃森等认知计算系统则依靠深度学习算法和神经网络进行信息处理，并将结果与教学数据集进行比较。随着时间的推移，系统处理的数据越多，学到的成果就越多，它也就变得越准确。神经网络就是一个计算机为解决问题而形成的复杂的"决策树"。

机器学习、深度学习和认知计算的发展从如下五个基本方面彻底改变了我们的世界和企业的运行方式。这些方面包括：

1. 机器可以观察

由于计算机能查看巨大的数据集，并使用机器学习算法对图像进行分类，因此，编写一种能识别出一组图像的特征，并对这些特征进行适当分类的算法，就相对轻松些。正如第 2 章所讨论的那样，检查乳腺癌扫描图像、做出诊断并最终制定出治疗方案，需要四名训练有素的医学病理学家。目前机器算法对癌症的诊断结果比最优秀的病理学家还要精确，从而可以让医生们更快、更准确地制定治疗方案。无人驾驶汽车也采用了这样的技术，因为目前的电脑可以识别出树木和行人、红色和绿色的交通灯以及道路和田野之间的区别。这种创新本身就有可能给很多商业模式带来变革，特别是供应链和快递以及个人运输等。

2. 机器可以阅读

能够说出一份文件是否包含某个单词或短语是一回事，而在上下文环境中理解这个单词或短语则是完全不同的另一回事。现在，机器算法可以判断出词、句所表达的含义是积极的还是消极的。这种技术可以帮助我们更好地了解人们的想法和感受，而且可以节省大量的时间和人力。例如，利用谷歌的街景图像技术及其阅读街道号码的能力，可以在短短数小时内绘制出法国的所有地址。如果采用手工绘制方法，这一壮举可能需要大批经验丰富的地图制作人员忙碌数周，甚至是数月。

3. 机器可以倾听

苹果的 Siri 和谷歌的 Cortana 等智能语音技术代表了机器在理解人类语言方面的巨大飞跃。现在，虚拟个人助理可以识别出越来越多的指令，并据此做出回应。随着语音搜索技术日趋普及，谷歌及其竞争对手已着手开发能理解自然语言的搜索算法。今天，我们只要在键盘上输入或者用语音说出一个自然句，比如"现在营业的最近的咖啡店在哪里？"，谷歌不仅能理解你的意思，还能自动确定你的位置和时间并做出回应。

4. 机器还可以说话

我们有很多理由可以认为，计算机语言翻译就是一个笑话。语言中存在大量的俚语、成语和文化背景寓意，其中存在着诸多细微的差别，因此，如果使用翻译软件来翻译一段文字的话，可能会带来一些错误，甚至是让人啼笑皆非的结果。但新的机器学习算法正在实现更准确、更实时的翻译。例如，微软目前可用七种不同语言为 Skype 视频会议提供实时翻译。在这种情况下，计算机的任务就是倾听用户说话，理解单词，并进行实时翻译，这无疑是一个叹为观止的突破。此外，由于该程序的基础是机器学习，因此，随着可供使用的数据越来越多，它在现实中的表现也会越来越出色。

5. 机器还可以书写

正如我们在本书中所看到的那样，电脑在创造性写作方面的能力也在不断提高，它们甚至已开始为一些知名新闻媒体自动编写文章。如果一台计算机能识别某样东西，比如图像、文档或是文件等，那么，这种自动化就可以转化为很多用途。对于以前需要人为参与的各种数据输入和分类任务，这种功能显然是大有作为的。虽然在很多情况下技术还不够完善，但不争的事实是，它正在变得越来越好。

考虑到业内已存在的各种令人不可思议的可能性以及这些技术的发展速度，我坚信，机器学习、深度学习和认知计算必将会对大多数行业及其内部运行带来重大影响。正因为如此，所有管理者都应该至少掌握其中的一些技能。机器学习、深度学习和认知计算的真正未来并不在于让电脑像人类一样思考。相反，它们的发生方向应该在于，只要取得足够大的数据集、足够快的处理器和足够复杂的算法，计算机就能完成以前只能由人来完成的任务。从分析技术角度说，这意味着，可自动实施和优化的任务将会变得越来越复杂；反过来，这又会给我们带来更深入的洞见，进而转化为决策质量的提高和绩效的优化。

7.4 以不同分析技术的结合追求成功最大化

数据的价值往往不在于任何一个庞大的数据集或是某个华而不实的分析工具，而是在于通过融合不同类型数据和分析所取得的洞见。例如，相关性分析可以告诉你，在飓风警报发出时，你可以卖出更多的"波普挞"蓝莓果饼干，但它不会告诉这背后的原因是什么。要了解人们为什么会在听到飓风警报时对"波普挞"青睐有加（或是你选定的其他类似产品），你可以采用文本或情感分析，看看人们在社交媒体平台上是如何评论"波普挞"的。融合各种分析技术的出发点，就是让决策和业务运营的依据尽可能完整清晰，而不仅仅是依赖个别分析给出的结论。结合诸多来源的信息，并使用不同的分析方法，可以让我们从多个角度理解和验证由此获得的洞见。

本章介绍的这些分析方法，只是当下企业可使用的部分分析方法。

这些方法在几年之前还是不可能的：我们不能对文本进行情感分析，计算机在诊断癌症方面还不可能超过医生，面部识别软件也只是起步阶段，还远未达到人眼一样的精确度。但考虑到分析技术已经取得的巨大飞跃，没人能想到 10 年甚至是 5 年之后会发生什么。因此，在制定数据战略时，最重要的一点就是，要随时掌握数据和分析技术可能带来的新机会。

第8章 技术和数据基础架构的创建

在创建数据战略的过程中，我们首先要确定该如何使用数据、最适合你的数据类型以及如何对数据进行分析，而后，我们就需要从技术和基础设施方面考虑决策的影响。具体而言，就是要确定获取数据并转化为洞见的软件或硬件。切记，如果我们无法从数据中掌握某些信息并据此实现企业发展，那么，即便掌握再多的数据也是毫无意义的。要最大限度地利用数据（不管是提高决策质量、改进经营绩效还是为了增加营收），我们需要获得某些工具或服务来实现这一目标。大多数公司都拥有某些现成的数据基础架构和技术，以SQL编程技术、关系型数据库和数据仓库等形式存在。虽然这些工具很有效，但围绕大数据技术的发展表明，大多数公司不得不重新思考它们的数据基础架构。

直到最近，在没有对基础设施进行巨额投资（包括价格不菲的软件和系统、大规模的数据存储设备和大批的数据分析师团队等）的情况下，企业还很难应对形形色色、规模庞大的数据。不过，谢天谢地，这种情况已经不复存在了。随着诸如"大数据即服务"（big data as a service）（我们将在下面做讨论）和数据供应商市场的不断发展，即便是最小规模的企业也能轻松利用外部的数据集、资源和技能。而类似于云计算和分布式存储这样的技术进步，也为企业利用数据开辟了新的空间，让它们在无须大规模投资于有形数据存储的情况下发挥数据的威力。

要把数据转化为洞见，我们需要考虑如下四个基础设施要素：（1）数据收集；（2）数据存储；（3）数据分析和处理；（4）数据的访问和沟通。这些要素通常被称为大数据的"层"。在本章中，我们将依次讨论每一层，分析其中的关键因素及常用工具。

考虑到大多数公司都拥有一部分现成的数据基础架构，因此，首先从我们在每个数据层上已经拥有的技术和系统开始讨论，应该更合乎情理。毫无疑问，对现有的基础架构进行更新和补充是必不可少的，但还是有一点需要记住，在现有的系统中，有些可能已在你的数据战略中发挥着作用。例如，你是否已在收集有价值的数据（通过你的网站或客户服务中心），但还没有能力充分分析这些数据，或者将数据得到的洞见传达给需要它们的人？根据你打算使用的数据，是否可以对现有的数据存储设备进行改进或补充，从而对这些数据进行处理？现有的分析能力是否发挥了作用？你是否成功地在公司内部进行了信息传递，如果是的话，是怎样传递的？这些都是需要我们考虑的事情。

同样需要记住的是，你或许没必要投资于四个层面中的每一层面上的基础设施要素。如果你正在购买对外部数据（如脸书）的访问权，以期改善营销决策，那么，数据的收集、存储和分析要素就有可能不适用于你，或者是你对这些要素的需求程度较低（例如，你想把这个外部数据与你自己的内部数据合并起来）。对基础设施的要求在很大程度上取决于你打算如何使用数据、你想使用哪些数据以及如何查询这些数据。因此，在这些方面，每个公司的要求都是特殊的，因而也不存在放之四海而皆准的方法。因此，我们只需逐个讨论每个层面，了解你在这些层面上的现有能力，并根据需要建立自己的需求清单。

8.1 "大数据即服务"：能成为企业的一站式解决方案吗

在过去的几年中，很多为企业客户提供云基础数据服务的企业如雨后春笋般浮出水面。人们通常将这个快速增长的新市场称为"大数据即服务"（big data as a service，BDaaS）。在实践中，"大数据即服务"这个术语可以指从提供数据、到提供分析工具、再到为客户进行实际分析并通过报告提供洞察力等一系列的数据功能。一些"大数据即服务"供应商的服务还延伸到数据顾问和咨询服务。

这项业务正在成为一个利润丰厚的市场。有人估计，到 2021 年，基于云计算的"x 即服务"类型的活动占 IT 业务支出的比例将从目前的 15% 左右增加到 35%。考虑到全球大数据市场的规模预计将在 2021 年达到 880 亿美元，因此，"大数据即服务"市场或将达到 300 亿美元左右。

BDaaS 业务的某些优势是显而易见的，例如，即便是非常小的企业也可以受益于大规模数据集，因为没有这种业务，它们根本就不可能访问这些数据集。此外，BDaaS 也大大降低甚至取消了以往需要对基础设施进行的投资，降低了进入门槛，并消除实施数据战略所要面对的诸多障碍。而有了 BDaaS，我们只需租用供应商提供的云基础存储和分析服务，只要付费即可使用。此外，从理论上来说，在和 BDaaS 供应商合作时，所有技术问题和要求都是"幕后"的，均由供应商全权处理。这样，你就可以毫无顾忌地专注于从数据中汲取有效信息。"大数据即服务"的另一个主要优势在于，进行数据治理、合规性和保护的成本通常由 BDaaS 供应商承担——这一点对小企业来说尤为吸引人。

目前，很多像惠普和 IBM 这样的大公司都在以各自的版本提供"大数据即服务"业务。惠普的数据分析平台 Haven 目前完全通过云技术进行，也就是说，数据的存储、分析和报告全部由惠普系统处理，你只需付费订阅即可使用这个平台，这就规避了需要承担的其他基础架构成本。同样，通过 IBM 的 Twitter 分析服务，企业可对 Twitter 上每天 5 亿次的推文以及每月 3 亿多活跃用户的数据进行访问和分析。IBM 还针对各种非结构化数据提供自己的分析工具和应用程序，并培训了一大批咨询师帮助企业从中获利。

农业机械制造商约翰·迪尔是另一个提供自有 BDaaS 业务的大公司。我们已经看到，约翰·迪尔生产的拖拉机上均安装有传感器，用于收集机械以及土壤和农作物生长状况的数据。随后，这些数据被传送到公司的 MyJohnDeere.com 和 Farmsight 平台。农民可以付费访问各种分析资料，包括何时订购零配件以及在哪些地方种植哪种农作物等，这就让他们规避了建立自有分析基础设施的成本。

此外，BDaaS 还在销售和营销方面发挥着越来越大的作用。正如我们在第 5 章里所看到的，安客诚是全球最大的直销式数据销售商。通过对收集到的大量个人数据进行分析，这家公司可以更有效地对消费者建档，引导现有顾客采购。亚马逊的云服务（Amazon Web Services, AWS）以及谷歌的 AdSense 和 AdWords 都是"大数据即服务"业务，也是这项的标志。

如果你想对自己的顾客、市场和趋势有更多的了解，并希望根据这些信息做出更好的决策，那么，BDaaS 绝对是一个非常不错的选择。但如果你想要使用数据改善运营，或者你着眼于数据货币化，"大数据即服务"显然不是一个理想的方案。在这些情况下，投资构建数据基础设施并独立获得数据往往是更合理的策略，但反过来，这又意味着，你还需要用来存储和分析这些数据的技术。从本质上说，不管在什么时候，只要数据成为日常运营和流程中的一个重要组成部分，我们就有必要维护对这些数据的所有权和控制权，而不是依赖于外部供应商。但这并不意味着你一定要为此投入大量资源——正如我们将在本章后面内容中看到的那样，很多低成本的方案可以帮助我们降低基础设施成本，像开源软件（open source software）。

虽然 BDaaS 这个概念或许并不适合于所有企业，但它的原理显然是经得起推敲的，而且注定会得到进一步的普及和流行。随着越来越多的公司意识到实施数据战略的价值，开发更多提供相应支持的服务显然是不可逆转的潮流。

8.2 收集数据

数据源或者说数据收集层，是数据进入公司的入口，无论是内部数据还是外部数据，是结构化还是非结构化，都不例外。这些数据可以包括你的销售记录、客户数据库、客户和员工反馈、社交媒体渠道、市场营销名单、电子邮件档案以及通过业务监控或测量收集到的任何数据。你或许已经拥有了实现战略目标所需的数据，但更有可能的是，你需要获取部分或全部所需要的数据，而获取新数据就会招致对新基础设施的投资需求。今天，我们已经拥有了远比以往更复杂的数据采集工具，尤其是物联网。譬如，目前的传感器尺寸非常小，而且相对便宜，它们几乎可以嵌入到任何物体中。传感器已彻底改造了很多企业的数据项目。例如，过去如果运输公司要跟踪送货卡车的数据，它们就不得不斥巨资构建远程信息处理系统。现在，智能手机的应用程序就可以提供这种功能。今天，即便是最普通的智能手机，高度敏感和准确的传感器都已成为标配，从而为我们带来了丰富的数据，如 GPS 定位数据和行走速度等。

获取数据所需要的具体工具或系统取决于你选择的数据类型，但最关键的选项通常包括：传感器（这些传感器可安装到设备、机器、建筑物、车辆、包装物或其他你打算收集数据的任何地方，甚至是员工姓名标签、平底锅和瑜伽垫也不例外）；生成用户数据的应用程序（如允许用户浏览和便于订购的应用程序）；闭路电视录像；信标（如来自苹果的 iBeacons，它允许用户使用移动电话捕获数据，并和移动电话进行数据交换——如果你想监测行走步数，这款程序非常有用）；网站 cookies，可以跟踪用户如何浏览和使用你的网站；网站的调整，提示用户输入更多信息；以及用户在社交媒体上留下的档案。至于采集数据，我们可以自行设置数据采集系统，也可以聘请数据公司帮助你采集数据。

当然，如果选择访问外部数据源（既可以是人口普查数据或保费之类的免费数据，也可以是客户细分数据这样的付费数据），那么，你或许就不必对现有的基础架构做任何更改。同样，这取决于你如何使用数据。如果你寻求在运营方面有所改进或者依靠数据赚钱，那么，拥有自己的数据系统显然是有意义的。

在这里，我们展示一个特别的例子，看看如何通过一个看似不太可能的来源获取数据：高尔夫挥杆。最近，由 GolfTEC 教学中心委托进行的一项研究，试图通过大数据判断职业高尔夫球手与普通高尔夫球员的区别。[1]在这项研究中，他们采用了配备最先进的运动传感器、摄像头和监视器的 SwingTRU，获取了多达 225TB 的数据，涉及超过 13 000 名各水平层次的高尔夫球手：他们中不仅有美国职业高尔夫球协会（PGA）登记注册的职业选手，甚至还有 30 名残疾球员。结果显示，高尔夫教学的很多内容均可归结为直觉或意见，而非直接的事实。这就是说，高尔夫球教练做出的判断和决定更有可能出自于他们的个人经验和理解，而不是客观真实的统计数据——这背后的原因往往是无法取得数据。因此，假如有 10 位教练在 10 个高尔夫教程中讲解如何改善挥杆动作，我们很容易会得到 10 个不同的结论。但通过衡量每个高尔夫球员的挥杆动作，球员就可以对比赛进行准确而客观的分析。

有趣的是，这项研究还发现，最优秀和最普通的高尔夫球手之间在六个主要方面存在差异，例如，球杆挥到最高点时的髋部摇摆动作，在击球一瞬间的肩部倾斜度以及击球时的髋部转动程度。该研究还特别声明，他们能识别出最高水平球员和最低水平球员在这六个方面上存在的细微差别。因此，只需将自己的统计数据与每一名作为参照基准的球员进行比较，任何人都可以判断自己在这些参照性球员中的位置，并识别有待于进一步改进的方面。

虽然 GolfTEC 教学中心为此次研究提供了 13 000 个挥杆动作作为样本，但这家公司表示，它们已经收集了公司 20 年历史内的 9 000 万次挥杆动作的数据。当然，这项技术在此期间也在不断改进。最早的数据收集是通过安装到球员身体上的陀螺仪和金属棒完成的，这个系统自然是非常耗时的（更不用说给高尔夫球手带来的不便了）。而目前的方法则是让被读取数据的球员玩家站在一个磁场内，因此，对球员挥杆动作的测量精度可以达到百分之一。GolfTEC 指出，这项研究还处于"初级阶段"，它们计划在未来进一步扩大它们的数据收集范围。对任何公司来说，这都是一个非常值得借鉴的做法——随着获取数据的技术不断发展，公司的数据战略也应与时俱进。

让我们再回顾一下本书前面提到的几个例子，看看这些公司是如何收集数据的。在第 4 章提到的例子中，ShotSpotter 已将麦克风集成到 GE 的"智能 LED 智慧城市"路灯中，以监听城区出现的枪声。有趣的是，精准锁定枪击位置的很多技术早已出现在 GE 的路灯中，包括 GPS 和模拟—数字转换器等。因此，唯一需要 ShotSpotter 做的工作，就是嵌入麦克风来捕捉声音。这是一种对现有能力和系统实施增强，而非从零开始的绝佳示例。

"伦敦的交通"问题（同样在第 4 章）向我们展示了如何从多种来源获取数据并提取丰富洞见的过程。伦敦交通局收集的数据主要来自它们的票务系统、安装在车辆和交通信号上的传感器、客户调查和焦点小组，当然还有社交媒体。正如伦敦交通局分析主管劳伦·萨格尔·韦恩斯坦告诉我的那样，"我们不仅利用后台系统处理非接触式支付信息，还有来自 Oyster、列车位置和交通信号数据、自行车租赁以及拥堵费等方面的数据。"

8.3 存储数据

在确定了数据采集需求之后，我们就需要考虑保留这些数据的位置了。目前主要的存储方案包括传统的内部解决方案，如企业服务器或计算机硬盘、分布式存储系统或云存储系统、数据仓库和数据湖（data lake）。

目前的普通硬盘具有高容量和低成本的特征，同样，内部服务器也是一种经济适用的解决方案。如果你的公司是一家小企业，或者你不考虑存储大量的复杂数据，那么，这些传统解决方案或许就可以满足你的要求。但如果你确实需要存储（和分析）大量数据，或者准备把数据作为企业运营的重要组成部分，那么，你肯定需要更复杂的设备。幸运的是，在公司生成和存储的数据数量和种类不断扩大的同时，也出现了各种复杂但易于访问的系统和工具，它们的用途就是帮助企业完成这项任务。

复杂并不意味着一定需要投入巨大的财务资源。免费开源软件即可完成大多数重要的大数据任务，当然也包括数据存储。而分布式存储系统则被设计成价格低廉的通用式硬件，这些硬件随时可供使用。今天，任何企业都可以使用现成的硬件和开源软件来存储和分析数据，它们只需花费一点时间掌握设置和运行这些系统的技能和知识即可。遗憾的是，免费的开源软件通常需要代价：你还是需要花费时间并掌握一定的技能，才能完成必要的设置并让这些软件按你的要求运行。如果你自己不掌握专业知识，或者你的战略规划没有留出开发这些工具的时间，那么，付费购买现成解决方案或许是更可取的办法。很多开源工具均提供"企业"版，这些软件通常是免费软件包的定制版本，它们被设计成更易于设置和使用的版本，或是专门针对某个具体行业量身定做。

8.3.1 了解云基础 / 分布式存储系统

分布式存储和云存储正在越来越成为很多企业的首选解决方案，因为它具有非常灵活的特征（易于在需要时创建额外存储空间），而且不需要在现场设置物理数据存储系统。和价格昂贵的专用系统及数据仓库相比，这种存储方式成本低廉，而且更便于访问。

简而言之，"分布式存储"的含义就是利用低成本的现成组件，创建高容量的数据存储系统，这种数据存储系统由软件控制，可以跟踪所有数据的位置，并可在需要时为你随时找到目标。"云存储"仅指数据（通常）采用与互联网连接的远程存储，因此，你可以从有互联网连接的任意端口访问这些数据。大多数分布式存储系统均使用了云技术，因此，"分布式存储"和"云存储"这两个术语往往可以交替使用。

在出现云技术之前，虽然计算机仍可以和公司网络连接到一起，但它们的存储容量和计算能力受限于公司固有的内部硬件（以及物理空间和预算）。如果企业想增加存储空间，它们就不得不清除旧文档或是购买新的硬件。然而，云计算可以让任何企业在无须购买新硬件的情况下增加存储容量。云技术的实质就是利用大量不同计算机的能力执行任务。也就是说，它可以使用很多不同的计算机来存储大量数据，这些计算机通常分布在完全不同的位置，并通过互联网相互连接。凭借这种模式，再加上设备（物联网）联通性的不断提高，为我们正在经历的数据大爆炸时代铺平了道路。

作为一种分布式存储系统，使用云技术可以将数据存储在众多不同的计算机上，因此，每一台计算机仅执行整个计算任务中的一小部分。这不仅分散了总的存储负载，而且让大量数据的存储变得更便宜、更简单，也更高效。通过分布式数据存储系统，我们可以把数据存储到任何位置，而且可以迅速便捷地查找和访问这些数据。这一技术大大提高了企业可使用的数据规模和种类。随着存储能力的显著提高，我们得以存储和分析以前因为规模太大而无法存储的大数据，如视频数据。此外，由于分布式存储的基本原理是将计算负载分散到众多不同的计算机上，因此，这本身就降低了数据分析的成本。

但是，如此存储的数据安全吗？很多人误以为，通过云技术存储的数据不及私有的公司服务器安全。但我认为，在很多情况下，云存储实际上比在内部保存全部数据的方式更安全。使用内部服务器，数据全部存储在一个位置，而且是唯一的地方（即"把所有鸡蛋放在一个篮子里"）。假如你的企业依赖于某些关键业务运营的数据，这种方式可能是有风险的。任何形式的业务故障（火灾、盗窃或者极端天气）都有可能导致企业无法访问这些数据，在最坏的情况下，甚至有可能丢失全部数据。但对于云存储来说，我们可以在任意位置复制这些数据，因此，只要有互联网连接，我们即可实现数据访问。

8.3.2 Hadoop 概述

如今，Hadoop 已成为各种"商用"硬件进行数据存储和处理的最常用系统，所谓的"商用"硬件，就是指由现成组件组装而成，而不是为组织量身定做的定制型系统，因而其价格相对较低。Hadoop 是由 Apache 软件基金会于 2005 年发布的一款开源程序，任何人都可以将这种程序作为构建其数据基础架构的"骨干"。和所有分布式系统一样，Hadoop 同样具有高度灵活性的特点，因而可以让企业根据需要扩展和调整自己的数据存储和分析。据估计，一半以上的"财富 500 强"的公司都在使用 Hadoop，这其中几乎包括所有大型在线平台。此外，它还是一种开源解决方案，也就是说，任何人都可根据自身需求进行调整。譬如，谷歌的专业工程师对软件进行了修改，并将修改后的软件反馈给开发部门，在这里，开发人员往往会利用这些修改改进其"官方"产品。这种在志愿者和商业用户中间形成的协作开发模式，也是开源软件的一个关键特征。

Hadoop 由"模块"组成，其中最重要的两个模块就是分布式文件系统和 MapReduce。分布式文件系统允许数据采用易于访问的格式进行存储。Hadoop 使用自己的文件系统，该系统位于主机固有文件系统之上，也就是说，只要操作系统支持，几乎可通过任何一台计算机访问这些数据。MapReduce 则提供了处理和分析数据的基本工具。它是根据该模块执行的两个基本操作命名的，其中"映射"（map）是指对数据进行定位并将数据存储为适合分析的格式，"归纳"（reduce）是指执行数学运算（如计算客户数据库中 30~45 岁之间男性的数量）。

像 Hadoop 这样的分布式系统，可以让我们存储超大容量的数据。例如，沃尔玛就拥有一个包含 40PB 数据的实时交易数据库，而且这还只是最近的几周内的交易数据。来自各连锁店、在线部门和业务单元的数据全部存储在 Hadoop 分布式数据存储和管理系统中。脸书则在 Hadoop 的 Hbase 平台上建立了分布式存储系统，用来存储其生成的海量数据。

原始状态的 Hadoop 使用了由 Apache 提供的基础开源模块，但这种工具对 IT 专业人员来说也是非常复杂的。出于这个原因，很多商业版本（如 Cloudera 和 AWS）先后出现，它们不仅大大简化了安装和运行 Hadoop 系统的工作量和难度，而且为公司内部员工提供培训以及持续的支持服务。除非公司内部拥有充足的技术能力，否则，购买商业版本或许是最明智的选择。本章还将对此做进一步讨论。

8.3.3 Spark: Hadoop 的替代品

和 Hadoop 一样，作为大数据处理架构，Spark 也为存储和处理数据提供大量相互连接的平台和系统。同样，Spark 也是由 Apache 软件基金会开发的一个开源系统。

很多业内人士认为，Spark 的性能要优于 Hadoop，其中很大一部分原因在于，这款程序的设计采取以存储在"块"中的数据为处理对象的方式。也就是说，它会把数据从物理磁性硬盘传输到运行速度更快的电子内存中，从而大大提高了运行速度——某些运行速度可以提高 100 倍。事实上，Spark 曾在 2014 年的一次基准测试中创下新的世界纪录：在 23 分钟内完成了对 100 TB 数据的分类，超过原来由 Hadoop 保持的 71 分钟的世界纪录。对那些需要存储和分析若干 PB 数据的企业，如此之快的速度自然让 Spark 成为它们的首选。此外，高速度特性也让它非常适用于机器学习型应用程序。系统的另一个关键组成部分是 Spark Streaming，它为分析流媒体、实时数据提供了基础架构——譬如，自动对闭路电视摄像或社交媒体数据进行实时分析。对任何寻求进行实时数据分析的组织而言，Spark 自然成为一种对它们极富吸引力的选择。例如，在营销活动中，可以根据用户的实时行为而非历史行为，精准投放有针对性的广告。

和 Hadoop 一样，为了使这项技术更容易被企业所接受，很多厂商都提供了自己的商业版 Spark。在这些不同版本的 Spark 中，既有面向特定行业的，也有为个别客户量身定做的，还有包括咨询和支持服务的版本。

8.3.4　数据湖和数据仓库的简单介绍

在传统的数据仓库中，所有信息均以预先定义的方式存档和排序——产品放在容器里，容器放在货架上，货架排列成行。这也是数据仓库多年以来的组织模式，而且事实也证明，这是一种行之有效的方法。在数据仓库中，数据以分层逻辑方式进行组织，因而具有明显的结构化特征。

然而，在过去的几年中，人们开始越来越多地谈论对传统数据仓库的另一种替代：数据湖。在数据湖中，数据完全以非结构化方式流入，而且数据采取了最原始的方式——即刚刚获取的新鲜出炉的数据，没有夹杂任何处理或分析的成分。数据湖的使用比数据仓库更为灵活，因为我们可以根据数据的用途，在必要时对数据进行配置或重新配置。在数据湖中，每一条个别数据本身都被看作一个完全平等的独立对象，没有任何一条数据比其他数据更"高级"。这种数据存储方式并没有采用数据仓库那样的分层存档系统，从本质上说，它就是一个巨大的免费工具。数据湖模式的某些优点是显而易见的。存储的数据不需要采用任何预定的结构，因而可以迅速转化为所需要的任何格式。随后，用户可以使用适当的工具询问这些数据。但如果打算把全部公司数据存储到一个位置，则需要考虑由此可能带来的巨大安全隐患。

目前，数据湖技术还处于初期阶段，只有为数不多的大公司有能力将全部数据存入数据湖系统。但随着更多企业开始关注数据应用的敏捷性和灵活性，数据湖必然会受到越来越多的关注。仅仅出于这个原因，我们就有必要将数据湖技术视为未来的一种潜在数据方案。

8.4 数据的分析和处理

在确定数据收集和存储需求之后，我们需要考虑的是如何处理和分析数据，从而获得有价值的信息。因此，这个层次的主体，就是将数据转化为商业洞见所需要的工具。具体来说，我们可以将这些工具归结为编程语言和分析软件。

与数据存储一样，很多开源技术均可用于处理和分析数据。利用开放源代码方案，我们可以规避定制型数据分析基础架构带来的巨额投资。但开源技术的目的不仅是为了省钱。即使是在最大规模的公司中，也呈现出一种趋向于开源技术的总体趋势。因为使用开源代码，我们不会受限于某个软件包或供应商，因此，当数据成为企业的关键性资产时，这自然会成为一个值得考虑的重要因素。如果以开源系统存储数据，那么，你就可以轻而易举地更换销售商或供应商，而不会给自己带来任何大的影响。

从数据中提取洞见的过程，最终可以归结为三个步骤：（1）数据准备（识别数据，并对数据进行清洗和格式化，使得数据更易于分析）;（2）建立分析模型;（3）从提取的洞见中得出结论。数据分析的常用方法就是使用本章前面提到的 MapReduce 工具。在本质上，这种工具可用于选择待分析数据的基本要素，然后把数据置入可进行分析并提取洞见的格式。目前，IBM、甲骨文和谷歌等大型供应商提供的商业软件，可以帮助我们实现从数据提取洞见的过程。利用谷歌提供的 BigQuery，只要是稍有数据知识的人就可以对庞大的数据集进行查询。类似的工具还有 Apache 软件基金会的 Cloudera、微软的 HDInsight 以及亚马逊的云服务（AWS）等。此外，很多创业公司正在涌入这个方兴未艾的市场，凭借很多简单的解决方案，这些公司声称，只需向它们提供全部数据，你就可以坐享其成，它们会为你提取出最有价值的洞见并提供实施建议。大多数商业产品都采用 Hadoop 框架为设计基础，并据此进行数据分析。

下面，我们将探讨当前市场上最优秀、使用最广泛的分析服务。所有存在于竞争市场中的商品，它们都有着各自的优点和缺陷，因此，我们必须仔细思考，哪些产品最符合你的需求。毕竟，我们提到的这些产品，无不是备受市场宠爱和欢迎的选择！

1. 亚马逊的云服务工具（AWS）

亚马逊将全部后台技术融为一体，在保证自身业务运行顺畅的同时，将这项套装技术销售给其他公司。从一开始，亚马逊的商业模式就是建立在大数据基础之上的——使用个人信息为顾客提供个性化的购物体验。亚马逊的云服务工具包含 Elastic Cloud Compute（EC2）和 Elastic MapReduce（EMR）服务，以云技术提供大规模的数据存储和分析能力。

2. Cloudera CDH

Cloudera 是由来自谷歌、雅虎、脸书及甲骨文的前员工创建的，它提供了一套基于 Hadoop 的开源和商业大数据解决方案。它发行的工具包充分利用了 Impala 分析引擎，该引擎也被亚马逊和 MapR 等其他竞争对手提供的软件包所采纳。

3. Hortonworks 大数据平台（HDP）

与其他所有大型分析平台不同的是，HDP 只包含开放源代码，它的全部元素都是通过 Apache 软件基金会创建的。该平台的运营模式是通过提供服务、服务运行支持并提供用户需要的结果获取收入。

4. Infobright

该数据库管理系统既提供开源的免费版本，也有付费的专业版。产品专门面向使用物联网的用户。它们为付费用户提供三个层次的服务，其中，高级客户可访问咨询服务平台和享有更快捷的电子邮件支持响应时间。

5. IBM 的大数据平台

IBM 提供一系列旨在为企业访问复杂的大数据分析提供便利的产品和服务。它们开发了自己的 Hadoop 发行版产品，名为 InfoSphere BigInsights。

6. IBM 的沃森（Watson）

Watson 最早引起人们的注意，是在 2011 年的美国电视游戏节目《危险边缘》（Jeopardy！）中赢得大奖，它是 IBM 针对认知计算和机器学习采用自然语言处理技术开发的产品。Watson 的工作原理是采用概率模式，即如果向它提出一个问题，它会给出一系列有可能的答案，并根据各答案为正确的概率对它们进行排序。目前，全球已经有 300 多个合作伙伴组织与 IBM 就 Watson 平台开展合作，涉及医疗、营销、零售和金融等多个行业。在第 3 章里，我们曾提到，IBM 的 Watson 是如何协助温布尔登网球锦标赛主办方改善在线内容的定位，更好地满足球迷对在线内容的需求。在数十万与赛事相关的社交媒体和在线评论中，Watson 能够识别出球迷最喜欢的报道，并帮助内容团队生产球迷希望看到的内容。

7. MapR

MapR 独立开发的 Hadoop 产品与其他版本有着显著差异，它将常用的 Hadoop 文档系统替换为 MapR 数据平台，并声称这款产品拥有更优异的性能和更好的易用性。

8. 微软的 HDInsight

微软的旗舰分析产品 HDInsight，是一款基于 Hortonworks 大数据平台的定制型产品，专门为其 Azure 云服务和 SQL Server 数据库管理系统服务。对企业来说，该平台的一个巨大优势是它和 Excel 的集成，也就是说，只需掌握基础 IT 技能的员工就可以在该平台上进行大数据分析。

9. Pivotal 的大数据套件

Pivotal 的大数据包由自己开发的 Hadoop 发行版 Pivotal HD 及其分析平台 Pivotal Analytics 构成。这款商业软件允许消费者存储无限量的数据，并根据分析量支付相应的订阅费。该公司斥巨资打造全新的数据湖理念，旨在建立适用于所有组织的数据、基于对象的统一型存储库。

10. Splunk Enterprise

该平台专门针对那些通过自有机器生成大量内部数据的企业。它们宣称自己的目标是"将机器数据转化为智能运营"，物联网是这种策略的核心。它们提供的分析软件为达美乐比萨开展的全美优惠券活动提供了依据。

今天，大数据的美妙之处就在于，它为企业提供了越来越多可供选择的分析方案。即便你对数据一无所知，或者只拥有少得可怜的内部技术能力或是非常有限的资金预算，抑或涉足高度专业化的领域，你也永远不必担心找不到适合自己的数据方案。

8.5 提供数据访问服务

在任何数据基础设施中，最后一个层次都是向需要数据的人员（甚至是机器）提供数据访问权，当然，还有实现数据访问所需要的工具和系统。归根到底，它的实质就是提供一种确保商业洞见更易于被访问（且易于被理解）的系统或流程，从而实现业务的改进。尽管数据的可视化和沟通确实是其中的一个方面，但更重要的方面在于决定谁有权允许访问哪些数据、谁控制访问权并确保良好的数据管理。

正如我们在第 3 章里看到的那样，很多组织都存在着扩大数据访问权的趋势，这意味着，整个公司的成员都有资格访问数据，并以数据为基础进行决策。因此，人们将目光开始聚焦于自助服务性的商业智能（BI）报告，这种模式让用户能够自主选择查询数据的方式，并获取他们所需要的商业信息，而不是被动接受高度简化的标准商业智能（BI）报告。花旗银行和沃尔玛等公司都在筹建自己的企业数据中心，让员工有机会访问数十亿的公司数据。在线零售商 Etsy 目前 80% 的员工均可访问和使用公司庞大的交易及浏览数据，以便于提高决策质量，为顾客提供更富于个性化的购物体验。按照企业的具体情况，我们还可能为外部用户和客户提供数据访问权，而且这已成为一个企业必须仔细考虑的问题。例如，Etsy 已通过 Shop Stats 系统和 Etsy 卖家分享点击量数据，允许卖家独立进行分析，这种模式有望增加这些卖家的收入（反过来，也提高了 Etsy 的销售额）。同样，约翰·迪尔的在线门户网站 MyJohnDeere.com 也允许农民访问其数据——既有通过连接到农民机器上的传感器收集的数据，也有来自全球各地其他农民的汇总数据。IBM 与温布尔登网球锦标赛组织者的合作，揭示出用户群是如何访问数据的——从内部营销团队和员工创造的内容，到新闻记者和外部球迷创建的内容。IBM 开发的 Slamtracker 是一款统计软件，曾是温布尔登网球锦标赛官网的唯一应用程序，目前已被集成到赛事的媒体输出中。目前，该系统生成的观点已被运用到各种渠道，比如，通过社交媒体平台进行共享，或是嵌入到赛事报道中。由此增加的访问量提高了数据的使用价值，而且可以面向更广泛的用户群体。

8.5.1　倡导数据管家的概念

数据早已经超越了"只属于 IT 领域"的发展阶段。当下智能公司已开始执行全公司范围的数据战略，并致力于让所有员工参与到以数据驱动的决策和运营中。但是，随着越来越多的员工开始接触数据，而且很多人的日常内容就是和公司的数据打交道，那么，应该由谁来负责管理这些数据呢？在这种情况下，以数据团队为数据唯一管理者的传统模式已经过时，新的答案就是数据管家，也就是说，让所有使用数据的员工共同肩负起管理数据的责任。

Ancestry.com（家谱网站）对数据操作进行了改造，改造的主要目标就是实现从日常的数据批处理模式转型为对数据进行实时的即时处理。然而，改造带来了一个意想不到的结果——这个过程加深了对数据在整个业务中使用方式的理解。没有得到适当管理的数据，会成为毫无意义和毫无价值的数据。更糟糕的是，如果数据已经过时，被错误地分类或是脱离了具体环境，还会导致误导性决策，从而殃及企业的长期健康。元数据的缺失或不匹配也会给企业造成严重问题，如 Ancestry 的一个数据库就包含超过 130 亿条记录，分布在超过 10 PB 的存储空间里。Ancestry.com 的数据仓库及可视化业务负责人克里斯·桑德斯（Chris Sanders）解释说："如果数据不存在或者不准确，我们就会遇到问题。对于数据仓库、商业智能、报告和法律义务以及支付特许权使用费等方面，那绝对是一场噩梦。"目前，公司鼓励所有使用数据的 Ancestry.com 员工都要承担起数据管家的责任，在和数据打交道时切实维护数据的准确性。

可以肯定的是，当企业意识到需要处理的数据量越来越大时，Ancestry 的方法必然会受到越来越多的欢迎，并成为越来越多员工的职责。随着数据管家的概念在整个企业中得到推广，必将减少由信息质量不高、过时或是不准确带来的风险。正是出于这个原因，我们或将看到，数据管家将成为企业维持竞争优势的常态化手段。

8.5.2　数据的沟通

我们可以使用多种方法将数据传递给需要它们的人或机器。但归根到底，我们所需要的沟通方式（无论有多花哨或是多简单）必须有利于强调商业洞见，并展示是如何以基于数据的决策和行动来改进企业运营的。

如果你打算使用数据提高业务决策质量，那么，通过简单的图形和报告就可以有效地向需要者传递观点，根本无须借助于额外的基础设施投资。如果是一家小企业，这或许就可以满足你的要求了。在第 3 章，我们曾提到一些通过简单报告和图表实现数据沟通的例子，但是从本质上说，沟通的基本原则应该是简洁明了。也就是说，不要把弥足珍贵的精华扔到一份 50 页的报告里，或者一张没有人能理解的复杂图表中。如果不能以最简单的方式提出观点，数据就不可能转化为实际行动。

针对更复杂的沟通需求，商业数据的可视化平台可以让数据变得更有吸引力，更易于理解。数据与分析技术的崛起带来了一大批新的可视化工具，它们不仅美化了分析的输出结果，而且有助于加深理解和领悟的速度。在本章前面提到的诸多分析平台中，均包含一部分可视化功能，因而无须在可视化方面追加投资。但如果这些产品确实不能满足你的需求，就可以考虑一些性能优异且相对易用的云基础可视化工具，比如 QlikView 和 Tableau（均为付费工具）。

如果你希望让自己的员工查询数据并独立提取洞见，那么，自助式商业智能报告和管理仪表板或许是不错的选择。至于是在传统报告模式中使用可视化技术提交分析结果，还是选择管理仪表板或者信息图表，往往还取决于企业内部拥有的专业能力。但需要牢记的是，对任何一套好的报告模板或仪表板系统，不管其功能多么复杂，也不管其外观多么诱人，都应有助于用户理解改善企业绩效所需要的核心洞见。至于如何以简单的报告和图形对数据进行解读及可视化处理，存在着很多共性规则，例如，纳入标题、使用文字描述和可视化符号的组合。

针对较复杂的数据，自动化的机对机（M2M）通信已逐渐成为数据通信中的一个重要方面，它也是任何数据战略都应该考虑到的一点。事实上，由于 M2M 通信允许设备进行数据交换，因此，它也是所有物联网相关产品或服务的重要组成部分。M2M 通信工具和系统的范围很宽泛：它可以是机器算法——当某个客户购买产品 Y 时，它会告诉你的网站向这位顾客推荐产品 X；或者是库存管理系统——在存货降至临界水平时，它会自动订购更多的存货；也可以是安全系统——在检测到某些行为发生时，它会自动发出警报。随着技术的迅猛发展，这个领域的方案和应用程序正在以前所未有的速度高速增长。

打造大数据基础设施是一项复杂的任务，它需要综合考虑诸多变量。我希望通过阅读本章，读者能更好地认识数据基础设施的基本要素。对于数据的任何方面，只要还不清楚应从何起步或是哪个方案最有可能满足你的需求，那么，我建议找一家大数据咨询公司合作，或是使用很多商业大数据包产品附带的咨询服务功能。

注解

1. Bernard Marr（2016），《福布斯》，7 月 15 日，"大数据如何揭示高尔夫完美挥杆动作的六个秘密"，原文见以下网址：

   http://www.forbes.com/sites/bernardmarr/2016/07/15/how-big-data-unlocked-the-6-secrets-of-the-perfect-golf-swing/#156d26f3539b

第9章 打造组织的数据能力

到目前为止，我们已对数据本身以及理解数据的工具、技术和基础架构要求进行了讨论。但所有企业还需要考虑另一个重要因素，也是数据战略的一个重要组成部分：开发适当的数据技术和能力。为最大程度利用数据，拥有某些技能是不可缺少的前提。当然，数据分析技能非常重要，但同样至关重要的是把数据和企业需求联系起来的能力，或者说，能否把从数据中提取的关键信息传递给缺乏技术背景的人。

我们可以通过两条主要途径开发与数据相关的能力。一种方法是提升内部人才实力，对外招聘数据研究人员，或投资于培训组织的现有人才；另一种方法就是将数据分析业务外包（通过与外部数据供应商合作或是众包分析需求）。本章将详细讨论这两种方案。

从数据战略角度来看，组织创建数据能力的方法并非一成不变。我们需要从自己的战略目标以及在时间和预算等方面的限制出发。例如，你可以培养自己的部分员工进行数据分析，但也需要在内部人员掌握知识的同时与外部合作伙伴开展合作。你可以打造和培养与组织日常决策和运营完全匹配的内部数据技能，但是在发展过程中，可能也需要由外部分析人员承担一次性数据项目。但不管是哪种情况，我建议各位首先从了解本章所介绍的各项关键数据能力开始，找出组织的差距，然后，列出弥补这些差距的任务清单。

9.1 大数据技能短缺及其对企业的影响

数据技能处于严重的供不应求状态，尤其是在大数据和新兴技术以及机器学习、人工智能和预测分析等应用领域。随着越来越多的公司希望利用数据的力量，对大数据专业能力的需求日益增长。但遗憾的是，在数据处理（尤其是大量数据或超复杂数据）方面受过正规培训的人员数量并不能满足需求。这就给那些试图利用数据能力的企业提出了挑战。在数据能力需求居高不下的情况下，企业很难吸引到优秀人才，尤其是那些在工资和福利上无法与大型企业抗衡的中小企业。事实上，早在2016 年的一项调查就发现，在接受调查的商业领导者中，一半以上的人认为，执行分析的能力受限于缺乏合适的人才。[1] 克服这个问题是所有公司都要面对的挑战，更多有创意的解决方案也因此层出不穷，譬如众包数据分析（本章随后将会做详细介绍）。

而"数据科学家"这一角色的定义含混不清，也进一步增加了企业寻找优秀人才的难度。这个词可以用来指代任何从事数据业务的人——从搭建收集和存储数据后台系统的数据工程师，到处理数字的统计人员。比如，有些几乎根本不了解大数据技术或编程语言的企业分析师也自称为数据科学家；还有很多程序员也把自己叫作数据科学家，显然，他们根本就不掌握将数据转化为商业洞见所需要的业务能力。我认为，一名名副其实的数据科学家不仅要深谙数据和计算机科学方面的知识，还要具备某些关键性的业务能力和分析能力。考虑到打造各种能力的完美结合在现实中并不科学，因此，以适用于企业的创造性方式将各种技能结合起来，或许更有意义，这同样是本章稍后部分讨论的主题。

有迹象表明，技能差距将逐渐缩小并最终消失。随着围绕大数据和分析技术的热议逐渐升温，越来越多的人被吸引到数据科学这份职业中。《哈佛商业评论》甚至把"数据科学家"称为 21 世纪最性感的工作（尽管我是数据的受益者，但仍然对此略有异议）。在 Glassdoor.com 的网站上，雇员可以匿名点评自己的工作和雇主，对网站用户的调查表明，数据科学家是美国最好的工作。在该网站 2016 年的报告中，这个职业的总体评分最好，这无疑将有助于吸引社会急需的新鲜血液不断注入这个行业。

对某些人来说，将数据科学家评选为美国最受欢迎的工作似乎有点出人意料。当然，高薪水和高技能的要求意味着，最优秀的候选人有机会选择最顶尖的工作和雇主，但这份职业的名声还谈不上光鲜靓丽。在大多数人的眼里，数据科学家的工作就是整天趴在电脑前应付一大堆让人烦躁的数据。但是在现实中，数据科学家的日常生活完全可以是丰富多彩、妙趣横生的，这也是几位知名数据专家急于证明的一点。克洛诺斯劳动力解决方案公司（Kronos）的大数据实践业务副主管格雷格·高登（Gregg Gordon）说："这可不是整天待在屋子里的事情，我们的工作是为顾客解决问题。我们每天都需要和客户进行沟通，讨论现实中的问题，然后尝试着复制这些问题，对问题建模，并最终解决问题。"作为高登领导团队中的一员，拥有20年数据科学经验的亚力克斯·克罗维茨（Alex Krowitz）自然同意这种观点："这些努力绝对值得，因为当顾客意识到你能为他们的整个企业进行全面分析时，你能看到他们无比期待的目光。"

用可行的方案解决现实生活中的问题，这其中的诱惑力无疑是现代数据科学家工作中最具魅力的一部分。尤其是在你为解决问题而以超快速度处理超大规模的数据时，其结果往往瞬间可见，而且可能给你带来难以置信的回报。不过，即使取得结果的耗时较长，数据能给企业带来的影响以及出现积极变化的范围也同样值得期待。Square Root 公司的数据科学部副总裁马克·施瓦茨（Mark Schwarz）曾告诉我：

"早在2003年，我就想从事数据科学工作，因为那样的话，我就可以站在挨着销售或运营副总裁的电梯间里，而且可以简单扼要地向他们解释自己的日常工作。我是一名技术专业人员，实际上，我的全部时间几乎都用来收集数据了。我们都自欺欺人地以为，在某个地方，会有某个人使用这些数据，以深思熟虑的方式推动其业务向前发展。但是在大多数情况下，这个人并不存在。于是，我开始转向更强调数据的角色，以便让数据收集工作切实发挥作用。我希望有朝一日能站在副总裁的身边说，'这就是我们团队创造收入或利润的方法。'现在，我做到了这一点。"

因此，希望越来越多的人钟情于数据科学这份职业。教育提供者当然最早采纳这个概念，他们为塑造大批高素质、学识渊博的数据科学家奠定了基础，为企业创造了人才选拔的蓄水池。在十年之后，我们或将会看到一个完全不同的场景——对数据科学家的需求不再远超供给。但至少现在，能力短缺还是每个企业都要面对的现实。

9.2　建立内部技能和竞争力

至此为止，我们已经看到，充分利用数据的内涵不再只是简单的编程或分析技能。如果对宏观商业环境以及组织试图达成的目标缺乏深刻理解，那么，即便是世界上最杰出的技术大师也难有作为。考虑到这一点，我列出个人认为任何组织都必须掌握的技能——当然，组织既可以招募新人才填补这些技术空缺，也可以在现有人才中培养这些能力。其中的诀窍，就是建立一支拥有组织所需专业能力的团队。例如，这可能意味着，需要让拥有相关分析技能的人和擅长与更多人沟通和普及洞见的人开展合作。

9.2.1　五种基本的数据科学技能

我最经常被问及的一个问题就是："最重要的数据技能是什么？"根据我的经验，我认为，以下五项技能是把数据转化为洞见的关键要素。

1. 业务能力

任何值得信赖的数据科学家都必须全面深入地理解，是什么使业务保持运转，是什么给企业带来增长，以及公司是否正在沿着正确的方向前进。这要求他们理解公司的关键业务流程、目标以及核心绩效指标，以及让公司超越竞争对手的优势所在（如果不占优势，为什么会这样，哪些需要改变？）。沟通技能也是实现数据价值最大化过程中的一个重要组成部分——例如，强大的人际交往能力、以清晰而富有说服力的方式展示数据分析结果的能力。

2. 分析能力

发现规律、识别因果关系、建立可以任意调整并最终得到预期结果的模拟，都是组织不可或缺的技能。这些技能体现为在使用 SAS 的 Analytics（分析）、IBM 的 Predictive Analytics（预测分析）以及甲骨文的 Data Mining（数据挖掘）等行业标准分析软件包方面拥有扎实的基本功，以及全面理解报告的解释及可视化工具，从而解答顾客的关键性业务问题。

3. 计算机科学

计算机是任何数据战略的支柱，这个宽泛的类别涵盖了从电缆连接到创建复杂的机器学习和自然语言处理算法等诸多方面。熟练掌握 Hadoop 之类的关键性开源技术的人才尤为稀缺，而在很多组织，开源技术构成了数据规划的基础。

4. 统计和数学

统计学家的技能几乎可以遍布组织数据业务的每一个方面，从开始模拟时的定义相关人群和确定适当样本量，到最终报告分析结果，都离不开统计方法。因此，尽管基本掌握统计学是数据分析的必要前提，但如果能在这个方面有深入研究是非常可取的。数学同样大有用武之地，尽管我们分析的非结构化数据和半结构化数据越来越多，但其中的大部分仍可以视为传统型数据。

5. 创造力

在处理大数据时，创造性至关重要。毕竟，这是一门新兴科学，至于公司到底应该把大数据用到何处，并无硬性规定。从这个意义上说，创造力就是以超越既定模式的做法，把上面提到的各种技术能力用于创造有价值的事物（如一个商业洞见）——今天，企业需要凭借创新，让它们在经营成果和市场形象等方面做到与众不同。随着越来越多的企业开始挖掘数据以获得洞见，提出新的、创造性的数据运行方法正在成为企业迫切需要的技能。

这种能力组合的多样化已成为整个大数据行业的常态。Trifacta 数据分析公司的数据科学部总监泰伊·莱腾贝利（Tye Rattenbury）告诉我：

"如果看看五年前对数据科学的职位描述，我们会发现，基本条件就是'高学历、掌握计算机技能和预测建模技术'。现在，这些能力只是全部要求中的 1/3，其他 2/3 包括'善于合作'以及'知道该如何进行报告和沟通'……"

随着组织从数据中得到的收获越来越多，我们自然会期待有更多的人从事数据工作。对此，莱腾贝利表示赞同："聪明并做出明智行为，这当然很好，但是他们还需要把自己的发现反馈给企业，只有这样，我们才能利用他们的成果。"

此外，能力组合的日益多样化在一定程度上源自当今组织的架构模式。以前的数据科学可能只是一个孤立的技能库，完全被局限在 IT 业务范围内，但现在它已经渗透到每个组织的每个部门。正如莱腾贝利的解释，"现代版的数据科学，就是要让这个原本集中的数据科学团队分散开来。例如，两名数据科学家进行营销，一名做产品设计，一名去做销售……他们会完全嵌入到这些团队中。"

9.2.2 招募新人才

如果你准备让数据成为企业的核心业务，而且又有适当的招聘预算，那么，对外招聘数据科学家绝对是一笔物有所值的投资。如果能找到具备上述全部 5 个特征的应聘者，那他们极有可能为你的公司创造巨大价值。不过，根据我的经验，对很多公司来说，聘请这样的数据科学家是一个需要付出高昂代价的艰难选择。你注定会面对激烈的人才竞争，而且最终得到的能力和团队也未必会让你满意。因此，尽管这五项技能是从数据中提取最大价值的关键，但招聘工作还是需要你有点创造力。

例如，招募具备较强分析能力的人员（如数学家、拥有定量研究学位或具有统计学背景的人），然后为他们提供大数据工具方面的培训，或许是更明智的选择。有些应聘者可能拥有超强的创造力和计算机能力，但实际业务经验却非常有限。在这种情况下，让应聘者和拥有强大战略思维和真正理解组织需求的人搭配，是绝佳的解决方案。从根本上说，在任何准备为组织吸收新鲜血液的时候，一定要强调建立最适合组织的能力组合。同样，和所有岗位一样，增长的能力和愿望是最宝贵的。有些人热衷于不断学习新的技能，追求与企业共同成长的感觉，而不是照搬照抄，相比之下，有些人喜欢照本宣科、我行我素而不愿意学习——即使后者经验丰富，知识渊博，但组织最需要的显然是前者。数据世界正在飞速发展，新的技术和新的应用在不断涌现，这就意味着，适应性和学习能力正在变得越来越重要。

我们不妨看看沃尔玛是如何招募数据人才的。沃尔玛技术部高级招聘专员曼达尔·萨克（Mandar Thakur）告诉我：

"我们需要名副其实的数据极客——他们热爱数据，喜欢处理数据，钻研数据，并努力让数据为人所用。话虽如此，但我们仍旧期盼他们身上能体现出一种非常重要的特质，这种特质让数据分析师与其他技术专家区分开来。如果他们能将这种高深的数据技术与良好的沟通技能、表达能力结合起来，那么，他们的职业前景必将无比光明。"

换句话说，除了能从看似最不可能的数据中提取价值连城的洞见之外，他们还需要将这些洞见传递给其他所有人，包括（从事非技术岗位的）业务主管和营销人员等。萨克认为："具备这种能力的人会很快晋升到职业顶层。"

在沃尔玛针对数据人员的招聘中，大部分均要求应聘者具备数据分析所需要的"传统"学术背景：统计学、数学、计算机科学及商业分析。此外，应聘者最好应具有 Python 或 R 语言的熟练使用技能，它们是进行大型数据集分析最常用的编程语言。但沃尔玛面对的最大挑战就是，找到拥有最前沿分析应用程序使用经验的应聘者，如涉及机器学习等方面的应用程序。很多人在学校没有机会学到这些知识，而且专业人员往往也属于自学成才。他们面对的另一个挑战就是如何吸引人才离开硅谷，来到阿肯色州本顿维尔（Bentonville）的沃尔玛总部。为此，沃尔玛最近在社交媒体上开展了一项招聘活动，并利用 Twitter 上的 "#lovedata" 标签推广此次活动在在线数据科学社群的影响。此外，它们还举办众包数据分析大赛（见本章后续介绍），并为表现最优异的参赛者提供工作机会。推荐是寻找应聘者的另一种重要渠道，数据迷是一个非常活跃的在线群体，因此，只要你提供一个好职位，他们就会把这个消息传达给同行。

此外，沃尔玛还非常强调提升新招聘员工业务技能的重要性。目前，分析和大数据技术已集成到沃尔玛的每个垂直业务层级，因此，只要进入一个团队，所有从事数据业务的新员工都要参加"分析轮换计划"（Analytics Rotation Program）——在公司的每个部门轮换实习一段时间，了解分析技术在整个公司是如何运用的。萨克说："让他们把分析能力结合到实际工作中——不管这种能力是来自课堂的学习，还是来自工作实践，帮助他们将这些知识融合到沃尔玛的各项业务中。"

9.2.3 为现有人员提供培训并提高其工作技能

事实上，我们不必寻找具备全部五项基本技能的数据科学家，相反，我们可以组织现有技能人员，通过对他们进行培训来填补技能空缺。因此，作为所有数据战略的一部分，尽可能地考虑开发现有人员绝对是一个可取的思路。和招聘新员工一样，成功培育现有员工的关键，就是在了解企业本身和重要的分析和技术能力之间求得平衡。我们可以通过多种方式实现这种均衡，例如，你可以训练业务分析师学会使用大数据工具。

提高劳动力技能当然需要投入时间和精力，但未必一定要投入巨额的资金。目前，很多大学都开设了数据科学课程，网络上还有很多免费的在线课程。而 IBM 正在大数据教育领域掀起一阵风潮。IBM 通过它的大数据大学（Big Data University）行动提供一系列免费在线课程，目前已吸引了 40 多万名学生。学生可以在家中在线签约，并按自己的速度掌握学习进度。（此外，IBM 还与合作伙伴共同定制课程套件，以满足个别机构的需求。）尽管大数据大学由 IBM 拥有和管理，但它却被人视为"公共社区"，而非公司的一个部门，其课程设计完全与平台本身无关。正如 IBM 分析平台新兴技术总监兼首席技术官莱昂·卡茨内尔松（Leon Katsnelson）对我说的一样："我们教人，帮助人们掌握技能，而不是在这里引导他们如何使用 IBM 的产品。"

对多数人和企业提供教育的最大障碍之一往往就是资金，因此，IBM 并不是唯一免费提供大数据和分析在线课程的供应商。很多高校正在把越来越多的课程放在网上，供学生免费学习。例如，华盛顿大学的"数据科学概论"（Introduction to Data Science）课程可在大型免费公开课网站 Coursera 上在线获得。这门课程不仅介绍了数据科学的历史、关键性技术以及 MapReduce 和 Hadoop 等技术，还涉及传统关系型数据库以及使用统计建模进行试验设计和输出结果可视化等方面内容。哈佛也在网上免费提供"数据科学"（Data Science）课程。此外，斯坦福大学的"统计学基础"（Statistics One）课程也可在 Coursera 免费听取。很多数据科学课程都需要编程方面的基础知识，因此，如果熟悉 Python 之类的编程语言，肯定对掌握这些课程会大有帮助。幸运的是，Coursera、Codecademy 和麻省理工学院（MIT）均提供针对入门者设计的 Python 免费课程。数据可视化方面也提供了免费的在线课程，如加州大学伯克利分校通过其官网提供该校的"可视化"（Visualization）课程。

只要有可能，我们就应该尽量提高整个企业范围的数据分析能力——也就是说，不只依靠少数人将数据转化为洞见，而是尽可能地为企业的所有人创造条件，让他们学会分析数据，为他们的决策提供依据。目前，越来越多的工具和服务为人们在 IT 实验室之外乃至整个组织范围内进行大数据分析创造了条件，由此也创造了"民间数据科学家"一词——即掌握一定程度数据科学技能的非数据科学家。事实上，相对于受过专业培养的数据科学家的市场需求，对"民间数据科学家"的需求增长速度预计将超过五倍。

在第 3 章里，我们曾提到，美国零售业巨头西尔斯百货（Sears）的商业智能（BI）部的 400 名员工最近接受了公司授权，开展一项以大数据为基础的高级别顾客细分工作，这项工作以前是由专业的大数据分析师完成，这项措施仅在数据准备成本方面就节约了数千美元的开支。西尔斯采用了由大数据分析平台 Platfora 提供的工具，使得 BI 部的员工能有效开展自我培训，把自己重新定位为人数据分析师。Platfora 的产品副总裁彼得·施拉姆普（Peter Schlamp）是这样对我说的：

"顾客细分是一个非常复杂的问题，它不是普通 Excel 用户可以做得到的事情。数据科学家和分析师之间还是有区别的，前者是真正接受过高度训练、可借助大数据分析进行顾客细分的稀缺人才，而后者则是企业大量拥有的。他们的目标是从商业智能分析师群体中培养一类新型用户——民间数据科学家。通过这种方式，他们已能更准确地判断，应该向使用其网站的用户推荐哪些产品。"

这并不是说，企业不再需要拥有高等教育背景和丰富实战经验的数据科学家，而只是说，数据正在更加民主化。这当然是一件好事。毕竟，能否让整个组织"买入"大数据技能，往往是数据项目必须克服的最大障碍。那么，还有什么比让大批人学会使用数据更好的办法来克服这个障碍呢？

9.3 将数据分析业务外包

如果无法提高内部员工的技能或招聘新员工，或者组织需要以外部力量补充内部能力，那么，我们就需要考虑对数据分析进行外包。目前一个庞大的数据供应商市场已形成，它们完全有能力处理你的数据和分析需求，而且这个市场还在继续增长。不管你需要的是把从收集数据到提交关键洞见的全部功能集于一身的一站式服务（可参考第 8 章中的"大数据即服务"），抑或是只需要在分析现有数据方面获得帮助，总有一个供应商能满足你的需求。有些数据供应商甚至只提供针对特定行业和板块的业务，如零售或银行业。至于第三方供应商，聘请大数据承包商往往是最常见的选择。但如果你不想受到某个特定供应商的限制，也可以考虑将数据分析业务实行众包。下面，我们将详细探讨这两个方案。

9.3.1 与数据服务供应商合作

有些顶级数据供应商家喻户晓，比如脸书、亚马逊和 IBM，但你的选择当然不止局限于大公司。还有很多小型承包商，它们反倒更有可能提供更具个性化的定制服务，或是拥有特定行业的专业知识。实际上，根据我的经验，与通用型服务相比，以特定行业为服务对象的供应商正在成为这个领域的常态。虽然大牌供应商可以动用庞大的数据集和令人惊叹的分析师队伍，但如果你的战略需要非常具体的信息，它们就未必是你的最佳选择了。

遗憾的是，数据行业不像其他专业行业（如会计和保险）那样受到监管或需要接受认证。因此，在寻找第三方供应商时，应尽可能从你的人际圈和联系人的推荐着手。即使没有这些推荐，我们也可以在网络和书籍中找到很多数据案例研究，包括我写的 *Big Data in Practice: How 45 successful companies used big data analytics to deliver extraordinary results*（《大数据在实践中：45 家成功的公司如何使用大数据分析来提供非凡的结果》）一书[4]，它们都会提到一些业绩出众、富于创造力的大数据服务供应商。此外，我们还需要考虑所在领域的专业知识是否重要，这会为我们的选择过程提供重要依据。

我想说的是，对于本章前面提到的五项关键数据技能，我们在寻求聘请第三方供应商时同样需要考虑，至少应把它们作为讨论的起点。例如，如果你的目的是最大限度地利用数据，那么，创造力和业务能力就成为与分析能力一样不可缺少的要素。因此，与你合作的供应商必须要了解你试图实现的目标。合作伙伴对你的关键业务问题、战略目标以及你在实现这些目标时面临的挑战了解得越透彻，它们就越有可能带来你真正需要的洞见。如果你在书中见到关于某个供应商的案例研究，或者值得信赖的熟人向你推荐过这家供应商，那么，通常可以要求它们提供以往与客户合作的案例。你或许希望尽可能多地了解该供应商以前的项目开展方式，遇到的主要问题是什么，关键的是，与这家供应商合作给客户带来的具体结果如何。

最后一点，只要有可能，在接洽数据供应商之前，最好准备一份公司数据战略的草案。毕竟，在寻找称心如意的合作伙伴帮你实现目标之前，你首先要明确自己需要用数据实现怎样的目标。

还记得第 2 章提到的迪基烤肉店吧？餐饮连锁店为我们认识如何与数据供应商成功合作提供了一个范例。这家公司拥有 11 名专职 IT 人员，其中包括两名专业分析师，与此同时，它们还与数据供应商 iOLAP 进行合作。iOLAP 为迪基烧烤店的大数据业务提供数据基础架构，并在利用数据改善决策方面与之保持密切合作。在迪基烧烤店这个例子中，找到掌握适当数据技能的人并说服他们把这些技能应用到企业，是他们面对的一个重大挑战。"与需求相比，市场现有的技能型人才还远远不够。对我们来说，挑战不仅在于要寻找掌握适当技能的人才，更重要的是，还要让这些人才确信：烧烤店确实在做大数据"，迪基烤肉店的首席信息官劳拉·雷伊·迪基是这样说的。在这种情况下，通过与外部供应商合作，弥补了公司的内部人才短缺，在最短时间内缩小技能差距。迪基还告诉我：

"对于迪基烧烤店来说，我们的数据团队或许比传统餐厅的内部团队稍大一点，因为这是我们关注的重点，我们需要在这个领域寻找合作伙伴。在寻找合适的合作伙伴方面，我们一直非常幸运。我们的办公室里配备了一名联系人，每周至少工作 20 个小时，一直和合作伙伴密切合作——如果不建立这样的合作伙伴关系，我们在数据能力上的差距是无法得到弥补的。"

在选择数据供应商时，另一个需要考虑的因素是，你打算和供应商每周合作多少时间，他们如何与公司内部的现有团队合作？

9.3.2　Kaggle：众包数据科学家

我们知道，全球企业都在面临一个共同的问题：严重缺乏接受过正规培训的数据科学家，对这类人才的需求已远远超过可供选择的人才数量（至少目前是这样的）。那么，众包数据分析是否能提供一部分的解决方案呢？ Kaggle 当然就能解决这个问题，它是一个众包型的数据分析竞赛平台。从本质上看，Kaggle 的角色就是中间人：公司和组织带来它们的数据（不管是什么数据），并设置一个需要解决的问题，当然，还要提出最后期限和相应的奖金。随后，Kaggle 的大批数据科学家竞相推出最好的解决方案。这是一个非常有趣的想法，参赛者涉足的问题五花八门，从分析病历、到预测哪些病人可能需要住院治疗、再到深度扫描宇宙寻找暗物质痕迹等，几乎无所不包。甚至谷歌也使用过 Kaggle 的服务，为此，谷歌的首席科学家哈尔·瓦里安（Hal Varian）称 Kaggle 为"将全球最有才华的数据科学家组织起来，以集体智慧的力量，为形形色色、规模大小不一的组织服务。"

这家位于旧金山的公司成立于 2010 年，其灵感来源于 Netflix 在前一年举办的一场比赛。这家流媒体电视和电影公司发出邀请，向公众征集更优秀的程序算法，预测其用户下一步喜欢观看的内容，并帮助它们改进推荐引擎。此后，Netflix 一直使用 Kaggle 组织竞赛，这也验证了这个平台的成功。

数据通常是模拟的，以避免人们对隐私问题的担心，因为在公共平台上提供这些信息的时候，有可能让机密信息或商业敏感数据落入竞争对手的手中。至于分析师本身，可以不受约束地在 Kaggle 上注册，并参加平台组织的大部分比赛。但某些比赛仅限于"大师"参与：也就是说，只有在此前比赛中证明了自己实力的网站会员，才能参加这些比赛。奖品通常采用现金，但也有例外，有些企业为比赛获胜者提供了稳定职位。

沃尔玛在向 Kaggle 提出需要解答的问题时，提供的奖品就是工作，而非现金奖励。曼达尔·萨克是这样告诉我的：

"供需缺口始终是存在的，尤其是在新兴技术方面。因此，我们找到了这种将创新和创造集于一体的方式，为我们的数据科学及分析团队寻找人才。我们一直在寻找能融入我们并和我们共同为企业贡献才智的顶尖人才。"

在沃尔玛组织的这场比赛中，参赛者不仅拿到了多家店面的模拟历史销售数据，还有销售和公共假期等促销活动的日期及详细信息，这些活动通常会影响到相关商品的销售情况。参赛者的任务就是制作预测模型，显示活动日程安排将如何影响提供销售数据的各部门的销售情况。

在 2014 年举办的第一场比赛之后，几名参赛者进入了沃尔玛的分析团队，而次年的比赛，沃尔玛则寄希望于发现更多这样的人才（在第二次比赛中，要求参赛者预测天气对各种商品销售情况的影响）。其中的获胜者纳维恩·派达梅尔（Naveen Peddamail）目前已就职于这家零售巨头设在阿肯色州本顿维尔市的总部，担任高级统计分析师一职。他告诉我：

"当时，我已经在一家咨询公司工作，因此，我只是把浏览 Kaggle 的比赛当作一种爱好。在看到沃尔玛提出的问题后，我想可以尝试一下。我觉得我可以试试做一点预测分析。在制作并提交了预测模型后，我居然取得了第一名的成绩，并被邀请到沃尔玛与它们的分析团队见面。"

在认识到沟通技巧及其他业务能力和分析能力同样重要的前提下，沃尔玛不得不在招聘过程中认真考虑这一点。对于表现优异的参赛者来说，他们已经在比赛中证明了自己的初级分析能力，因此，他们会被邀请到公司总部接受进一步评估。那些在报告、沟通及数据分析方面确实展现出超强能力的人才，最终会在公司中得到一席之地。

萨克指出，除填补沃尔玛和整个分析团体的空缺之外，这种做法还有其他好处："Kaggle 围绕沃尔玛和我们的分析部门引发了一场热潮。尽管人们知道沃尔玛拥有大量的数据，但更重要的是让他们看到沃尔玛如何从战略角度使用这些数据。"

网站举办的赛事对参赛者提出了五花八门的要求，比如：使用模拟个人数据预测哪些客户最有可能回复直邮营销活动；使用 CERN 大型强子对撞机（Large Hadron Collider）的数据识别物理现象；使用人口和历史犯罪数据预测旧金山未来的犯罪类型。

Kaggle 的实践证明，杰出的数据科学家可以来自各行各业。可以想象的是，这些人才未必一定要在统计学、数学或计算机科学等方面接受过正规教育。分析的思维源于生活的方方面面。事实上，对沃尔玛来说，众包模式让它们的人事任命不再循规蹈矩，正如萨卡所言，如果仅仅看简历，有些人连面试的机会都没有。例如，一名应聘者拥有雄厚的物理学教育背景，但却没有任何正规的分析经历："但他有着不同于一般人的能力，如果不遵循 Kaggle 的思维，我们就不可能留下这个人。"

众包在识别隐形人才方面有着巨大的潜力，它为企业提供了一种全新的人才发掘方式，让那些真正的人才脱颖而出，帮助企业解决问题，解答最关键的业务问题。此外，竞争因素会促使这些参与者加倍努力，因为只有付出更多，他们才能确保他们的观点始终高人一等，这就鼓励他们始终致力于创造性思维，从而为企业带来某些创新性的解决方案。因此，假如你正试图招揽人才，或是出于某种原因而不愿意和数据供应商合作，那么，你绝对有必要考虑一下将数据分析业务纳入众包范围。这显然为我们弥补能力短缺、吸纳更多分析性人才和检验新数据项目提供了一个绝佳契机。

注解

1. Josh Bersin, Jason Geller, Nicky Wakefield 和 Brett Walsh（2016）："2016

年人力资本趋势报告"，《德勤咨询》，2016 年 2 月 29 日，原文见以下网址：

https://dupress.deloitte.com/dup-us-en/focus/human-capital-trends/2016/
human-capital-trends-introduction.html

2. Thomas H Davenport 和 DJ Patil（2012）："数据科学家：21 世纪最性感的工作"，《哈佛商业评论》，2012 年 10 月，原文见以下网址：
https://hbr.org/2012/10/data-scientist-the-sexiest-job-of-the-21st-century

3. Bernard Marr（2016）："数据科学家真地是美国最好的工作吗？"《福布斯》，2016 年 2 月 25 日，原文见以下网址：
http://www.forbes.com/sites/bernardmarr/2016/02/25/is-being-a-data-scientist-really-the-best-job-in-america/#648ede7f5f98

4. Bernard Marr（2016），*Big Data in Practice: How 45 successful companies used big data analytics to deliver extraordinary results*（《大数据在实践中：45 家成功的公司如何使用大数据分析来提供非凡的结果》），Wiley，Chichester。

第 10 章　不要让数据成为负债：数据治理

我们都知道，为了制定更理智的决策、提高企业运营效率并增加利润，企业都在收集和分析越来越多的数据。无论规模大小，所有公司都加大了对数据的投资力度，很多公司相信，庞大的数据资源正在成为它们最有价值的商业资产之一。它们的判断显然是对的。但只有克服数据所有权、隐私及安全性等方面的某些重大障碍后，企业才能充分利用数据。忽视或者不能妥善处理这些问题，数据就有可能从巨大的资产转变为致命的负债。收集和存储数据，尤其是个人数据（它们是大量业务数据中的一部分，这是我们无法回避的现实），会带来严重的法律和监管后果。一旦违反这些规定，就有可能给企业声誉带来灾难性的打击，并让你面对代价高昂的诉讼。

可悲的是，很多组织对这些重要问题视而不见。直到最近，还有很多人以无所畏惧的"西部狂野"式状态对待大数据。出于各种各样的原因（而且往往没有任何合理的理由），公司早已开始肆无忌惮地收集它们喜欢的数据。然而，正如本章下文所述，所有这一切正在悄然发生着变化，越来越多的法律法规开始限制企业收集、存储和使用数据的方式。因此，任何组织都必须将数据所有权、隐私和安全问题纳入到数据战略中。合理考虑和处理这些问题（以及下面讨论的其他问题）属于"数据治理"（data governance）范畴。在本章里，我们将探讨有关数据隐私、所有权和安全性的一些关键问题，对组织应采用的良好数据治理做出定义。切记，这些话题均涉猎广泛，每个话题都可以写成一本书阅读，而且监管治理环境也在变化。因此，我们还是建议采纳专业的法律意见。

10.1 数据所有权和隐私方面的考虑

在数据收集还处于"西部狂野"式的时代时，企业可以无拘无束地收集数据，丝毫不必考虑它们为什么要这样做，以及它们将如何使用数据，然而，这一切似乎已走到尽头。对于当下使用数据的公司而言，数据的所有权和隐私问题是它们必须优先考虑的重大事项，尤其是针对个人数据。数据的所有权包含有两个脉络：首先，确保你对对企业来说至关重要的所有数据拥有所有权，而不是依赖外部的数据供应商；其次，确保凭借合理的权限和许可按自己的意图使用数据。

10.1.1 拥有还是外购

很多企业在使用第三方数据方面得心应手，而且成果斐然，而数据供应商的兴盛表明，即便是再小的公司也会受益于数据。这当然是一件好事。但如果你的关键业务流程需要依赖于某些数据，或是你打算从事数据货币化业务，那么，最好还是应该拥有这些数据，而不是依赖第三方提供的数据。当数据成为你的核心日常运营工作或收入流，企业就开始依赖于这些数据，数据成为运营模式中最重要的一个组成部分。在这种情况下，拥有企业所依赖的全部数据也就成为理所应当的选择。正如我在本书前面说过的一句话：必须把数据看作你的核心资产，就像你的员工、知识产权和库存一样。

在任何可能的情况下，我们必须确保拥有对企业运营、营收甚至是关键决策流程至关重要的数据。使用自己拥有的内部数据显然是信手拈来的事情，但是对外部数据，就不那么容易了。如果不能独立收集外部数据并求助于第三方供应商，那么，你一定要确保的是，至少不要丧失对数据的访问权限。如果依赖于第三方数据的话，一旦供应商出于某种原因抬高价格或限制你的访问权，那么，你的业务就有可能受到严重干扰。

10.1.2 确保拥有合理权限

不管是使用自己的数据还是对外购买的数据，都应该确保自己对这些数据拥有合理的权限，以便于按照自己的方式使用这些数据。元数据（Metadata）在这方面非常重要，它包括可收集数据的时间、地点以及被授予的权限等诸多关键信息。很多公司都可以轻而易举地拥有这些重要的元数据（或是对已拥有的元数据进行更新），尤其是在向供应商购买这些数据的情况下，更是如此。例如，企业在向大型数据库购买顾客数据时，可能不知道这些数据来自何处，以及在当时拥有哪些权限，这种情况在现实中并不少见。根据我的经验，公司通常不会索取重要的元数据，尽管这是它们应该得到的。随着针对数据和隐私的法律日趋严格，在没有这些元数据信息时，所有企业使用数据的难度都会不断加大。因此，如果要对外购买数据集，一定要保证追溯到这些数据的根源，以了解数据的收集时间、地点以及附带哪些权限。这就像一个负责的出版商，他不仅知道书中使用的纸张来自何处，也知道该如何管理这些宝贵的资源。

《通用数据保护条例》（GDPR）是欧盟于 2018 年出台的一项法规，旨在加强针对个人的数据保护，加大对个人数据及其使用方式的监管。这项新出台的法规表明，如滥用个人信息或未对个人信息予以充分保护，可能会导致公司面临巨额罚款（最高可达 2 000 万欧元，或全球年收入总额的 4%）。按照通用性规定，个人数据必须得到保护，且只能约定目的。因此，你在独立收集用户的个人数据时，必须明确告知用户，你正在收集哪些数据，以及你打算如何使用这些数据，并采取有效措施，确保收集到的数据不被用于其他目的。如果你要通过其他方式使用这些数据，则必须对用户给予新的授权。

对此，正如普衡（Paul Hastings）律师事务所合伙人阿什利·温顿（Ashley Winton）曾对我说的那样："你还要确保，任何外购数据均属于出售者合理使用的数据。作为最终用户，即使你是别处购买的数据，仍有责任确保自己不会滥用数据。"换句话说，如果你购买一份姓名和地址目录用于市场营销目的，而且后来的事实证明，向你出售这份目录的人收集的这些姓名和地址并没有取得合法授权，那么，你最终仍有可能面临来自监管机构的罚款，被滥用数据的合法所有者甚至会对你提出指控。因此，这再次说明拥有准确的元数据非常重要。

在美国，尽管针对个人数据使用的法规可能不是那么严厉，但仍有很多问题会导致企业遇到麻烦。本杰明·N·卡多佐法学院法学教授菲利克斯·吴（Felix Wu）曾告诉我："与欧洲不同的是，尽管美国并未颁布全面的隐私保护法规，但实际上，这反倒有可能会让公司更加寸步难行，因为它们必须遵守五花八门的地方法规和联邦法案。"[1]在美国，监管范围更宽泛的一个领域是欺诈问题，吴教授指出：

"即使是无意的行为，公司也有可能会触犯反欺诈法律。这意味着，企业必须详细记录自己的数据处理事务，包括收集了哪些数据、如何使用数据以及向谁披露了这些数据，以确保它们的行为和在隐私政策、营销材料和其他渠道中提出的策略保持一致。"

吴教授特别提到，谷歌就是一家曾因收集"与公司无关"数据而自寻烦恼的典型。这家全球最大的搜索引擎公司曾使用汽车为其"街景"服务收集图像数据（和 Wi-Fi 数据），最终因收集个人数据而陷入法律纠纷。

10.1.3 将数据最少化作为好的实践

尽管我们谈论的对象是"大数据"，但"少即是多"的原则依旧成立。随着监管口径的收紧，大公司为做到无所不有而不放过星星点点数据［或者如亚马逊首席执行官杰夫·贝佐斯（Jeff Bezos）所说的"我们从不扔掉任何数据"］的日子已经一去不复返。这种方法不仅需要付出高昂的代价——因为收集的数据越多，为存储和分析数据的投入就越大，而且还有可能带来法律上的麻烦。

新的欧盟《通用数据保护条例》（GDPR）认为，任何被收集的个人数据必须是"适当、相关且仅限于为达到数据处理目的而需要的最低限额"。实际上，这就是说，需要收集和保存的数据只需满足目的所需要的最小数量即可。这就是"数据最少化"一词的含义，或者说，必须将个人信息的收集限制在与完成特定目标直接相关且必要的个人信息范围内。

尤其是随着物联网的不断发展，企业可使用的数据收集方式越来越多，而且可收集到的数据种类也越来越多，其中最敏感的莫过于个人身份可识别数据（Private Personally identifiable data）。尽管有些公司仍希望尽可能地保存全部数据以备将来之用，但囤积数据的危险和囤积实物并无区别：堆积如山的垃圾堆只会让我们在需要的时候难以找到需要的东西。它不仅耗费金钱和时间，而且有可能会成为隐患。任何好的数据战略都应遵循数据最少化原则，只保留真正需要的东西。即使是沃尔玛这样的数据巨头，也只是依赖前四周的数据来规划日常的商品销售策略，而且沃尔玛也是采取数据最少化原则指导运用的成功典范之一。

就个人而言，我强烈建议，公司应只收集和存储真正需要的数据，并删除其他全部数据。用"以备未来之用"的方法存储数据，绝对是危险之举（且不说由此带来的高昂成本）。

任何数据存储行为都需要耗费资金，而且任何企业的预算都不是无限的，因此，没有一个企业能无止境地收集和存储数据。此外，过多的数据（尤其是个人身份可识别数据）有可能成为巨大的风险隐患。数据丢失和侵犯的后果是所有企业必须考虑的。严重泄露敏感型个人信息很容易让企业名声扫地，甚至引来犯罪过失的指控。可以想象，如果你甚至根本就不需要那些丢失的数据，那种得不偿失的感觉会让你多么懊恼！

随着欧盟《通用数据保护条例》的实施，拥有任何欧盟公民数据的企业都需要制定相应的数据最少化标准流程，以最大限度地降低数据风险。我认为，无论是对个人还是公司，这都是一项利大于弊的举措。

10.1.4 理解隐私问题

围绕个人隐私权的立法也加大了管制力度。《通用数据保护条例》支持欧盟内的公民拥有个人信息"被遗忘"的权利，这意味着，个人可要求公司删除他们的个人资料，而公司必须服从这一要求。这听起来似乎不是什么大事，但我们可以设想一下，从你的系统中删除顾客全部痕迹，其后果可想而知。你安装了删除客户数据的程序吗？有多少系统会受到影响呢？你能确定已删除了全部痕迹吗？你的员工是否清楚遵守这项规定有多重要？这些都是在你的数据战略中应该考虑的内容。

信息"被遗忘"的权利、数据要相关的要求以及围绕隐私权的其他问题，使得脸书和谷歌这样的公司，或者说任何一家在业务上依赖大量个人数据的公司，经常在不经意之间遭受打击。谷歌遭遇的一个有趣案例就证明了这一点。2015 年，丹尼尔·迈特拉（Daniec Matera）并不是 Gmail 的用户，他对谷歌提起诉讼，指控公司违反了《窃听法》（Wiretap Act），为进行定向广告而故意拦截和扫描他与 Gmail 账户联系人之间的来往电子邮件。[2] 他认为，他并非 Gmail 的用户，没有同意 Gmail 拦截其电子邮件，因而不受谷歌隐私政策的约束。另一方面，谷歌并不认同这样的指控，它们认为，拦截和扫描用户电子邮件是其日常业务的一部分，也正是这种做法为它们的定向广告创造了条件，反过来，这也让谷歌能为用户提供免费的电子邮件服务。但法官驳回了谷歌的申诉，他们的依据是，拦截和扫描电子邮件并非提供免费电子邮件的本质性前提。谷歌的驳回理由被法庭驳回，下一步是由法院裁定，判决该诉讼是否符合集体诉讼的要求——即允许全体该类消费者参与案件，对谷歌提起诉讼。一旦出现这种情况，并裁定谷歌侵犯这些消费者的隐私权，那么，谷歌将面临高额赔偿。

但谷歌始终认为，免费电子邮件服务的用户不能合法地期望隐私权，但是在监管和诉讼环境日趋严厉的环境下，将这一主张延伸到与 Gmail 用户联系的当事人，注定会给它们带来更多麻烦。我个人始终对客户这样建议：你们必须以公开、透明的方式收集数据。显然，谷歌提供了一项非常有价值的免费服务，而且我们也都知道，公司总要以某种方式赚钱。但问题是，很多 Gmail 用户甚至还没有意识到，他们已经签署了隐私协议（更不用说与他们通信的非 Gmail 用户了），因为大多数人只需点击"接受"即可成为用户，根本就没有去阅读或是理解隐私政策。同样，在第 2 章中，我们曾探讨了流媒体音乐服务平台 Spotify 隐私政策遭遇的集体围攻：它们收集了哪些数据、将这些数据用于什么目的以及和谁共享这些数据等方面，均受到广泛质疑。

微软在 2015 年推出的 Windows 10 操作系统引发了类似的隐私问题。[3] 很多担忧源于这样一个事实：在安装免费的升级版软件时，如果用户完全遵循软件指令并采纳其默认设置，实际上，他们就是在允许微软监控自己在计算机上的每一个操作。更重要的是，很多用户甚至是在不知情的情况下，就允许微软以不特定的理由与不特定"合作伙伴"共享这些信息。显而易见，Windows 10 的一个重要设计原则，就是尽可能多地获取用户信息。大多数消费者已经让软件供应商自由收集用户使用其产品的数据，尤其是在云服务中更是如此。但 Windows 10 则更进一步，它为每个用户自动分配一个广告 ID，这样，微软就可以根据数据分析的结果，在用户的网页浏览器及其他应用程序中投放定制广告。

只要认真核对、选择隐私设置，我们就可以确保对发送给微软及其合作伙伴的内容保留一定程度的控制。但这又会导致新操作系统的部分热门功能受禁，比如由语音驱动的人工智能助理 Cortana。如果 Cortana 不能访问你的地址并将很多其他使用情况数据回传给微软，那么，你就无法使用这项功能。但我们完全有理由说，这种做法绝不仅限于微软。今天，移动设备的受欢迎程度绝不亚于个人计算机（PC），而且两大主流移动操作系统都会在我们的使用过程中收集大量数据，并和它们的供应商及合作伙伴共享。有趣的是，这种大规模的移动数据挖掘往往不会引起关注。

精灵宝可梦 GO（Pokémon Go）是一款风靡全球的增强现实游戏，它从另一个侧面展现出包罗万象的隐私政策和服务条款是如何笼络用户信息的，恕我直言，它们的做法简直就是邪恶。这款游戏使用智能手机的相机、GPS 和位置传感器实时捕捉周围环境数据，以此确定游戏的显示内容和场景，从而营造出身临其境的错觉：可爱的小卡通"口袋妖怪"站在你的客厅里、外面的街道或是附近的公园。你可以在各地的历史名胜景点得到免费的"精灵球"（可以在游戏中用来抓小动物的工具）。商家可以购买"口袋妖怪"的诱饵作为广告，吸引想象中的怪物和现实中的游戏粉丝到它们的店面。这款游戏风靡全球。实际上，它正在迅速成为有史以来最成功的移动应用程序，在撰写本文时，美国 Android 系统中已有 6% 的用户安装了这款游戏。按照这个速度，它很可能在日活跃用户数方面超过 Twitter。

但手机应用程序的工作方式需要数据，而且需要大量数据，于是，问题就出现了：这些应用程序在收集哪些数据，以及公司在如何使用这些数据。坊间已出现传闻：在注册这款游戏时，它需要获得用户谷歌账户的完全访问权。按照谷歌的隐私控制权规则，凭借完全访问权，应用程序及其背后的开发公司可以"查看和修改你在谷歌账户中留下的几乎全部信息"。虽然它不能获取用户的谷歌登录密码或付款信息，但可以阅读你的电子邮件，查看你在谷歌上进行的搜索及其他操作。

开发这款游戏的 Niantic 公司称，这项请求是不恰当的，据报道，公司已在升级版游戏中修改了访问权要求。但事实并未改变：很多用户仍愿意让游戏访问他们在谷歌上的全部信息，毕竟，这款游戏的设计对象是 10 岁左右的孩子。这同样是一个人们轻易放弃数据的例子。尤其是在应用程序中，因为我们可以免费下载软件，而且希望马上使用这些软件，因此，面对冗长烦琐的服务协议条款，人们通常会欣然接受，很少会认真阅读。在这种情况下，用户根本就不清楚自愿提供的是哪些信息。我认为，Pokémon Go 应用程序及其他类似应用程序引发的担忧，揭示出两个方面的问题。

首先，企业正在疯狂地跑马圈地，以便于尽可能多地收集客户数据，以备现在或是未来之用，因此，一旦能带来价值，这些数据就可以派上用场。大多数程序的策略就是让精明的用户放弃对数据收集过程的选择权，而不是将选择权交给他们，毕竟，它们的程序功能需要这些信息。

其次，或许也是更重要的一点，每次满心欢喜地在新应用程序或程序中点击"接受"选项时，用户都在不知不觉中放弃了自己的隐私。直到某些喜欢钻研的计算机科学家、记者或黑客发现了隐藏的事实，才让人们恍然大悟。我相信，任何一家负责任的企业都应该采取客户易于理解的常识性政策及服务条款，尤其是在涉及放弃个人数据以及理由等方面。

一般来说，如果某些数据能让人们免费获得有价值的服务，或者得到更优质的服务或产品，大多数人都会愿意让公司获得这些数据。但前提是，必须让他们知道正在放弃哪些信息，以及放弃信息的理由是什么。没有人喜欢被别人欺骗，哪怕只是感觉受到了欺骗，近期出现的纠纷就说明了这一点。因此，公司不应再理所当然地以为，用户只需在它们的隐私协议上打钩即可，并没有再去多想。

所有这一切自然也适用于员工的数据，他们和你的客户或用户没有区别。当下的公司拥有了比以往任何时候都更多的员工数据，而且数据分析已迅速成为人力资源实务中的常规内容。随着我们的世界日趋数字化，企业监督员工的方式也层出不穷。

我担心的是，很多公司会花费太多时间去收集某些可以轻松得到的数据，比如员工坐在办公椅上的时间是多少，或者他们与多少人进行了交流，而不是更有价值的定性标准，比如他们坐在办公椅上做了什么，以及与他人交流互动的效果如何。因此，对企业来说，谨慎而明智的做法就是以对待顾客数据的方式对待员工，采取数据最少化原则，只对员工收集不可缺少的数据——即有助于有效提高公司绩效的数据。此外，员工也要知晓公司正在收集他们的哪些数据、收集这些数据的原因以及公司将如何使用这些数据。当然，理想的情况是，公司以积极而富有建设性的理由强调这些数据的好处。大多数用户愿意让谷歌扫描他们的电子邮件，以换取免费的电子邮件服务。同样，如果员工知道这些信息将被用于改善他们的工作环境，那么，他们同样会乐于让公司使用自己的数据。

当然，在数据所有权和隐私方面，还有很多需要考虑的事情，但限于篇幅，有些问题只能一带而过，不过，我还是希望尽量不让读者失望。凭借透明的隐私政策和良好的数据治理流程（见本章后续介绍），再加上最新法规的制约，任何企业都没有理由在数据问题上犯错。这里，需要记住的一点是，在任何时候向个人收集数据时，一定要解释你需要哪些数据、打算如何使用这些数据以及是否能和他人分享这些数据（同样，只有在成为实现预定目的的必要手段时，这么做才是明智的）。此外，在这个问题上，应采取"可选择进入"的原则：也就是说，除非用户放弃选择权，否则，不要自动收集和使用他们的数据；反之，应该让他们拥有最终选择权，并允许你使用其数据。同样，在向供应商购买个人数据时，也有责任确保向相关个人给予妥善解释并获得相应授权。当然，我们同样需要遵守数据最少化原则，只收集对企业必不可少的数据，而不是为了"以防万一"而无所不包。

10.2 数据的安全问题

你的数据战略还应考虑到数据安全方面的因素，即必须避免数据发生丢失和受到侵犯。如果把数据视为资产，我们就必须强调数据的安全性，就像对待其他资产（如营业场所和库存）那样。在过去的几年里，很多数据泄露事件成为热门话题，而且在数据保护方面，法规也正在趋于严格。

简而言之，任何处理个人"可识别身份"数据的公司，都有责任保护这些数据。这意味着，即使你向数据供应商购买了个人身份可识别数据，也需要对数据泄露承担责任。因此，只要有可能的话，尽量使用不可识别个人身份细节的匿名数据是一种可取的策略。如果这不可行，就需要采取相应措施来保证数据的安全性（如果出现泄露客户数据的情况，即使在你的国家不属于法律禁止行为，但依旧有可能遭受声誉上的巨大损失）。任何企业都应采取适当措施保护数据，并切实防止数据遭到泄露。这些措施可以包括加密数据、建立监测和阻止数据侵犯行为的系统以及为员工提供数据安全培训以避免泄露保密信息。

请牢记，数据安全是一个专业领域，因此，在制定数据战略时，尤其是在权衡各种数据存储方法和数据安全系统的优点和缺陷时，我们建议与数据安全专家进行协商。

10.2.1 数据泄露的重大影响

数据泄露可能会让企业承担法律成本和经济赔偿之类的巨大损失，并对公司声誉造成损害。令人遗憾的是，数据泄露事件却屡见不鲜，大规模个人数据丢失或盗窃事件似乎已成为家常便饭，几乎没有一个星期不被报道的一次。

也许这是不可避免的。随着数字化和互联网不断渗透到生活中的方方面面，我们生成和存储的个人数据量呈现出指数级增长态势。因此，当更多的数据出现时，数据盗窃或丢失的概率也随之增加。但是从商业角度来看，这种增长的代价是显而易见的。根据一项研究显示，目前，企业处理"一般性"数据泄露事件的成本约为 400 万美元。[4]

几乎在每一个星期，我们都会看到各种信用卡密码和地址被盗事件的报道。尽管这种事情会给人们带来大量不便，但考虑到目前在线共享信息的规模，因此，它们和未来数据泄露可能造成的潜在损害相比，可以说是微不足道。一些数据和隐私专家倾向于认为，当数据遭遇"完美风暴"般的泄露时，其规模甚至有可能让整个社会为之震颤。而最明显的后果之一，就是让公众彻底丧失在网络上共享信息的信心。

被盗窃的个人数据通常只限于用户名和密码，比如最近在 Tumblr 和 Myspace 爆发的大规模黑客攻击就是这样（但如果用户经常在各种敏感服务上使用相同的用户名或密码，那么，即使如此，也可能会产生严重后果）。遗憾的是，威胁更大的数据泄露时间日趋频繁。根据个人身份失窃资源中心（Identify Theft Resource Center）提供的数据，仅在 2016 年前 7 个月，就出现了 400 多起严重的数据泄露事件。[5] 这些被泄露的数据涉及多个组织，如海湾地区儿童协会（Bay Area Children's Association，咨询和心理健康非营利组织）、美国流产基金网（National Network of Abortion Funds）和新墨西哥大学医院（University of New Mexico Hospital）等。考虑到这些组织可能拥有的信息量，大规模数据泄露的后果显然已超出了财政或政治的影响，甚至有可能会招致严重的社会后果。

而真正令人担忧的，是黑客在 Myspace 或 Tumblr 上针对超常社会敏感数据发起的大规模攻击。坊间最为关注的两种可能，自然是脸书用户的个人消息以及谷歌用户数据的泄露。当然，没有任何迹象表明，这两家公司近期存在数据泄露的威胁，但考虑到这些后果可能带来的破坏力，肯定会让很多人心惊胆战。

谈到脸书或类似社交密集型数据集出现大规模信息泄露的可能性，我们自然会想到 2015 年阿什利·麦迪逊成人交友网（Ashley Madison）的黑客事件。完全有理由认为，这或许是公众第一次意识到数据安全问题带来的潜在社会后果（不只是财务或政治后果）。考虑到这是一家专为已婚人士提供交友约会服务的社交网站，阿什利·麦迪逊网站拥有的数据自然会让人们遐想连篇，更是让媒体趋之若鹜。对因个人信息泄露而曝光的情感骗子及其家人来说，其后果肯定是不可想象的。而那些侥幸没有涉足其中的人，会祈祷保证自己没有被牵连其中，因为他们使用这些服务的目的不是为了不忠行为。但对脸书之类的"主流"服务，这种事件必然会带来更严重的后果。我敢打赌，在脸书聊天工具上，事关不忠行为的私人信息在数量上绝非阿什利·麦迪逊可比拟的。除这类信息之外，在脸书的聊天工具上，其他更具私密性、个人性甚至破坏性的对话同样不计其数。而关于个人就业、活动家活动、宗教信仰和社会活动之类敏感话题每天都在发生着。最令人担忧的是，在大多数情况下，这些谈话都和一个确定、真实且已被证实有效的名字联系在一起。

设想一下，把你在过去 10 年里发生的全部私人谈话数据上传到互联网，而且这些数据和你的真实姓名相关联，并编译成可搜索的数据库，这种情形肯定会让你不寒而栗；而这种事情已经发生在每天收集我们数据的谷歌身上。谷歌存储了我们的每一次搜索记录（不管是使用匿名浏览还是登录账户后的查询），而且通常会将这些记录和一个真实名称绑定，或者至少和一个 IP 地址绑定，而谷歌很清楚这个地址属于谁。

这些肯定是我们不希望落入坏人之手的信息。谷歌已着手研究如何根据用户输入的信息构建个人档案。但是在现实中，谷歌实现这个目标的手段，就是诱导我们输入尽可能多的数据。手机会不间断报告我们的位置信息。语音识别系统存储了我们的语音指令记录，虽然这些指令的主要目的是让我们告诉谷歌做什么，但谷歌随后却可以利用这些数据分析我们的情绪状态和压力水平。而且在不久的将来，谷歌的自动驾驶汽车就能随时随地发送实时传感器获取的数据。想想，谷歌完全可以借助自身设计或是第三方参与，通过与附近移动电话的通信辨认出街道上出现的每个人，如果是这样的话，你只能把它们描绘成一个强大的监控网络，而它的规模和能力只会让以往所有的网络相形见绌。尽管这种数据集存在的可能性就足以让很多人心惊胆战，而一旦落入坏人之手，其后果将是灾难性的。

当然，我们也有足够的理由相信，不会发生这种情况。黑客目前所达到的技术能力，还无法跨越谷歌或脸书所设置的安全屏障。至少这里所设想的黑客事件尚未发生，这个事实本身就是最好的证据。此外，即使爆发这种全球范围的大规模黑客事件，也需要黑客拥有大量资源来保存和分享被泄露的数据。到目前为止，阿什利·麦迪逊网站黑客发布的用户数据仅为25GB——这个数量太小了，使用 BitTorrent 即可轻松共享。而我们在这里所描述的黑客，其规模可能会高达 PB 级别，因此，存储并向公众提供这些数据的可能性微乎其微，尤其是在保持匿名的情况下，其难度更大。不过，即便是想想这种数据泄漏事件的后果，就足以让所有企业的领导人高度重视数据的安全性问题。

10.2.2 物联网的威胁

物联网及其设备连接网络的不断扩大，也带来了额外的安全隐患。确保电脑安全的观念已非常普遍。今天，即便是你的祖母也可以优哉游哉地在家用电脑上运行病毒检查工具。但我们还是要发挥自己的想象力，毕竟，随时会有新的黑客从我们想象不到的角度发起攻击。随着物联网设备的爆炸式增长，用户和企业已很难彻底摆脱黑客的威胁。今天，已经有很多人认为，必须对智能设备采用等同于计算机的病毒预防等级。

道理很简单，设备数量的持续增长，意味着寻找数据的入侵者有了更多可攻击的目标。至于攻击的方式和原因，就有点复杂了。控制智能电视会让攻击者得到哪些好处呢？除了制造恶作剧（这无疑也是很多物联网黑客活动的主要动机）之外，还有一种可能性，就是他们想借此利用网络漏洞盗取真正有价值的好处。不过，个人计算机或电话等其他设备显然更有可能保存有价值的敏感信息。

另一个攻击方式就是假故障，从而引诱用户拨打服务电话或下载软件补丁。这些补丁程序很可能就是恶意软件，它们通过所谓的出错设备侵入网络上的其他设备。敲诈软件则是另一个潜在威胁。这些病毒可感染计算机，如用户不支付勒索赎金，计算机上有价值的数据就无法使用。去年，赛门铁克（Symantec）的研究人员表示，通过编程，这种病毒可以从一个设备传播到另一个设备，进而锁定用户的手机或手表，将来甚至有可能蔓延到他们的汽车、冰箱乃至整个房子。[6]

与互联网连接的汽车、玩具甚至医疗器械均已存在易受到黑客攻击的漏洞。尽管软件制造商始终忙于提供补丁，但新的漏洞依旧每天都在出现。因此，所有涉及物联网相关设备的公司都必须对安全性给予高度关注。

同样，我们必须向用户澄清，我们准备使用这些设备收集哪些数据，以及为什么要收集这些数据，以便于让他们对潜在的风险和收益做出理性选择。我们还应鼓励用户经常修改联网设备的默认密码。另外，联网设备的必要性也是一个需要认真考虑的问题。例如，如果你是一家智能温控器制造商，那么，将温控器与用户手机联网显然是合理的。但是智能冰箱或电视是否应具备与手机连接的能力呢？由此招致的复杂性不会带来任何看得见的好处。

从软件角度来看，我们必须随时了解最新的威胁来源，并定期更新产品，以防遭受这些威胁的攻击。制造商必须让用户意识到这些更新程序的重要性。此外，我们还需非常慎重地选择合作伙伴，尤其是代表你托管数据的第三方供应商。因为供应商的声誉或许会直接影响你所在组织的声誉。

同样，对物联网设备也应该采取数据最少化原则。"收集一切留作以后分析"的思路早已经过时了，而且这也是一种风险极大的策略。任何个人资料的泄露或被盗，应被视为对企业和消费者安全带来的威胁，尤其是在司法监管日趋收紧的大环境下。

10.3　践行良好的数据治理

迄今为止，我们已在本章里看到了很多数据使用方面的问题。那么，我们应如何确保规避这些陷阱呢？答案就在于采取全面的数据治理政策。数据治理（data governance）是指针对数据的全面管理和日常管理，包括数据的可用性、完整性（即确保数据质量良好、知悉数据的来源且拥有根据需要使用数据的权限）及安全性。

数据治理意味着，我们应清楚地认识到，我们在每一步数据操作中面临的道德规范和法律要求，并采取切实有效的政策和流程来管理每个步骤。良好的数据治理当然就是要保证你不违反任何法律，拥有合法的权限和元数据；而好的数据实践则需要把元数据纳入到数据中，明确适用于特定数据字节的权限和治理规则。数据安全显然是数据治理框架中不可或缺的一个组成部分。但数据治理的内涵远不止于数据安全、所有权和隐私。它还涉及如何以具体政策明确到底谁有权访问数据、谁负责维护数据的质量及准确性。良好的数据治理在很大程度上取决于在组织内部创建数据文化，我们将在第 11 章深入探讨这个问题。从本质上说，在组织的每一个层面上，都应以相应的数据文化为理性决策和有效的业务运营奠定基础，而且应该在全公司范围内鼓励员工合理保护和使用数据，并将数据视为企业最宝贵的资产之一。

数据治理规划必须明确定义，谁是组织内各种数据的所有者，以及应该由谁对数据的各个方面负责。考虑一下，谁应该负责数据的准确性（如果你采用了我们在第 8 章提到的数据管家模式，这个负责人就应该是接触数据的每一个人）？谁负责维护数据的访问权并控制数据的访问者呢？谁负责数据的升级更新呢？此外，一个好的数据治理规划，还应明确规定使用这些数据的程序，尤其在企业处理个人数据时，使用方式更为重要。

当然，你的数据治理规划还要保证，公司必须遵守法律法规，并通过相应的政策和流程维护合规性，如定期审计。正如我们在本章中所看到的那样，在涉及个人数据的使用或滥用问题方面，立法监管的力度必然会逐渐加大，稍有不慎，就有可能遭受巨额罚款。因此，确保遵守每一项与自己有关的法律法规，这一点在当下比以往任何时候都更为重要。否则，让企业最大的资产成为最大的负债，或许是迟早的事情。

今天，我们可以采取很多措施确保自己建立起了全面的数据治理流程。例如，如果你通过闭路电视摄像机收集图像并进行分析，那么，你就应该给出通知，声明这些数据会用于何处。当顾客进入你的店面或经营场所时，如果你使用蓝牙或苹果电脑的 iBeacons 从他们的手机上收集相关客户数据，那么，在他们给的允许你收集这些数据的协议中必须声明，这些数据将用于何种目的。此外，如果你向第三方供应商购买数据，那么，认真审核供应商在收集数据时需遵守的条款绝对是必要的。

应该由谁来负责数据治理这项职能呢？在这个问题上，为规划、实施和维护数据治理提供具体的资源或是建立相应团队，显然是一种可取的选择。从理论上说，这项职能可以交由 IT 部门、业务运营部门或政策部门等一系列部门负责，但是，企业领导者及公司范围内与数据相关的人士同样需要参与其中。例如，你可以在整个组织内任命数据管家，负责与数据治理团队协调，并维护各自部门的数据质量。

数据治理的核心，就是像管理企业资产那样去管理数据。正如我们需要以流程和系统去管理员工，这同样适用于数据。如果我们能把强大的数据治理框架纳入到数据战略中，那么，我们就是在为成功、安全地使用数据奠定基础。你的客户和员工，抑或是企业的全部利益相关者，都会因此而感激你。

注解

1. 有关我和吴教授对话的更多信息，请参阅：Bernard Marr（2016），"大数据：大企业的资产如何变成负债"，《福布斯》，2016 年 3 月 9 日，原文见以下网址：

   http://www.forbes.com/sites/bernardmarr/2016/03/09/big-data-how-a-big-business-asset-turns-into-a-huge-liability/2/#1e869be11f5e

2. 有关谷歌被指控涉及侵犯隐私权判例的情况，请参阅：Kat Sieniuc（2016），"法官称，谷歌不能逃脱 Gmail 的侵犯隐私权指控"《Law360》，原文见以下网址：

   http://www.forbes.com/sites/bernardmarr/2016/03/09/big-data-how-a-big-business-asset-turns-into-a-huge-liability/2/#1e869be11f5e

3. 有关微软 Windows 10 隐私问题的更多信息，请参阅：Conner Forrest（2015），Windows 10 的默认设置正在侵犯我们的隐私权，您可以通过以下方式保护自己的隐私权不受侵犯，《TechRepublic》，2015 年 8 月 4 日，原文见以下网址：

http://www.techrepublic.com/article/windows-10-violates-your-privacy-by-default-heres-how-you-can-protect-yourself/

4. IBM（2016）：2016 年数据泄露成本的研究情况，请登录：
http://www-03.ibm.com/security/data-breach/

5. 有关数据泄露事件的最新案例，请参阅个人身份失窃资源中心官网：
http://www.idtheftcenter.org/2016databreaches.html

6. Bernard Marr（2016）："免受物联网安全威胁的 5 个简单步骤"，《福布斯》，2016 年 5 月 3 日，原文见以下网址：
http://www.forbes.com/sites/bernardmarr/2016/05/03/5-simple-steps-to-protect-yourself-from-iot-security-threats/#51fffe0774ff

第 11 章　数据战略的执行和完善

创建强大的数据战略只是第一步，更重要的是在整个组织中合理执行这个战略。成功的数据战略源于公司各层次对战略的接受程度，并切实认识到将数据置于决策和企业运营核心地位的重要性。企业的领导者应在整个公司内创造一套强有力的数据文化，将数据视为企业最关键的资产之一。但数据战略不可能一成不变，尤其是在数据和分析技术飞速发展的当下，数据战略同样需要与时俱进。好的数据战略必须跟随新技术的发现和企业需求的变化而同步发展。因此，我们应不断审视和更新数据战略，以满足企业持续变化的需求和挑战。在本章中，我们将对这些问题——进行探讨：从把数据战略付诸实践，到创建数据文化，再到重新审视数据战略。

11.1　把数据战略付诸实践

当我和客户合作时，这可能是我认为最有收获的一个阶段，因为正是在这个阶段，我们把数据转化为行动。毕竟，如果不能把数据转化为行动，无论是改善决策质量、完善企业运营、增加收入抑或是兼而有之，那么，制定数据战略、进行基础设施投资以及收集和分析数据都是没有意义的。只有当把数据战略付诸实践时，我们才是在改善，甚至是在彻底改造我们的企业，这当然是一件令人振奋的事情。

11.1.1　态度是关键

和其他关键性企业战略一样，数据战略的正确执行，也必须从组织最高层开始。高层管理者必须认识到，对于要决定如何经营企业、创造收入以及整个组织如何做出决策，数据是最重要的基础。只有在最高领导层的支持下，我们才能创造出自上而下的连锁反应：让数据就是核心资产的概念渗透到组织的每一层。

如下是我们常遇到的几种对待数据的态度，它们或许是大数据战略的第一杀手。识别和消除这些态度是将战略落到实处的关键：

- "我们不是数据公司"

我想说的是，当下的所有企业都是数据公司。数据已无处不在，任何企业都不能缺少数据，我们显然无法想象存在着这样一个行业或是一家企业，它们不会因为更多地了解客户、销售周期、产品或服务的市场需求或生产效率而从中受益。

- "太贵了"

这绝对是一句不堪一击的假话，即便是预算吃紧的人，也可以依靠相对便宜的云服务和开源软件作为数据战略的起步。

- "我们拥有的数据已经超过需要的数量"

诚然，大多数公司已经被企业中的海量数据所压垮，因此，哪怕只是想想要收集更多的数据，就会让企业领导者感到恐惧。然而，数据的普及意味着我们可以使用更多的新数据源，更重要的是，其中的很多数据集都是可以免费访问的。因此，我们的诀窍是深入挖掘你真正需要的数据，而不是采取"来者不拒"的方法。

- "其他人已经超过我们了"

你可能会觉得竞争对手已遥遥领先，于是，你干脆"把头埋进沙子里"，但这迟早会给你带来问题。此外，尽管有更多的公司正在使用数据，但仍有很多公司还处于尚未实施阶段或试点阶段。换句话说，你落后的或许没那么远。

- "我们的客户没有这个要求"

如果你的客户正在寻找个性化服务、比较定价、优化供应链或弹性维护周期之类的东西，那么，他们就是在寻求唯有数据才能提供这些服务的东西。事实很清楚，即使你不提供数据，别人也会。

上面只是我遇到的几个具有代表性的例子：当公司最高层在实施数据技术不确定时出现的消极情绪。只能通过教育和体现数据价值的具体示例，才能避开这些误区。在本书中，我们已经看到了很多这样的例子，但你可能还是想在自己的领域内找出示例，体会将数据转化为实际行动的好处。

11.1.2　数据战略为什么会失败

执行数据战略的原则与执行其他战略并没有本质区别。数据战略为你实现目标及其所需数据提供了路线图，其中包括数据收集方法、分析工具、对基础架构的投资以及对外聘用新人才或对内提升现有员工队伍能力方面等。它是你的公司由此及彼的规划，不管公司目前处于哪个阶段。毕竟，战略不仅包含了一系列的行动，也是公司前进的愿景。根据数据战略的规模，我们可能需要将它分解为若干个较小的部分，以便于让这个战略更易于管理，更易于监督。但不管你是否这样做，都需要某种里程碑事件和时间表来标记实施过程中的关键步骤，比如，建立数据收集和分析系统、在系统上线之前进行测试以及在任何仪表板或可视化工具上进行员工培训。这些步骤必须由个人或团队"拥有"，只有这样，才能明确权责。显然，和任何项目一样，数据战略也需要对进度情况进行密切监测，以确保实施工作始终按计划进行。有一句古话："你衡量的东西都会增长", 但我发现, 反之往往也为真: 不受监控的项目, 不会有任何进展。

遗憾的是, 很多公司并不能成功地执行它们的数据战略。有的时候, 战略本身或许就是无法实现的, 或是过于模糊或不够明确, 以至于人们不知道该从何入手。但据我所知, 这种情况非常罕见。不管是哪种情况, 本书各章节的内容都是围绕良好数据战略的基本要求 (比如, 决定如何使用数据) 展开的, 确保组织以现实可行的方式兑现这些要求。

沟通或者说缺乏沟通, 是妨碍实现数据战略的另一个重要羁绊。战略往往得不到有效传达, 以至于人无法正确理解战略本身。如果负责实施数据战略各环节的管理者和员工不清楚如何把这些要素结合到一起以及如何造福于企业, 那么, 他们就不太可能关心实施过程。有的时候, 一个小小的细节就有可能成为战略成功的关键。一方面, 当你告诉人们做某件事情时, 但却没有向他们解释背后的理由, 那么, 他们就有可能认为不一定要去做这件事, 因而将你的指令抛在脑后。另一方面, 如果你告诉他们这件事为什么对业务来说非常重要, 那么, 他们就更有可能兑现你的要求, 反之亦然。然后, 我们再回到让整个组织接受战略的问题, 及其实施战略的重要性。毋庸置疑, 高层管理人员必须接受数据战略, 但是公司的管理者和普通员工同样需要接受战略。如果员工不接受战略所依据的观点, 他们就有可能不会同意这个战略, 甚至认为战略根本不足信。这就会导致员工业绩不振, 或者士气低落。让员工认为他们对战略实施是拥有发言权的这一点同样很重要。而解决这个问题的途径之一, 就是为各层次上的所有人员提供参与战略执行的空间, 例如, 可以通过公司内部的博客进行公开评论, 或是在内部局域网上对战略实施情况展开讨论。

在第 1 章中, 我们了解了苏格兰皇家银行的 "人格学" 大数据战略,旨在让这家银行恢复到 20 世纪 70 年代的客户服务水平。银行分析主管克里斯蒂安·内里森（Christian Nelissen）告诉我，新员工的参与是新战略取得成功的关键：

> "在当今时代，员工认为他们可以与客户开展有价值的对话。他们很清楚数据能给他们带来的价值，并认同数据有助于他们进行良好的对话，这已经和过去有了天壤之别。员工的参与至关重要。最有效、最能与客户产生共鸣的观点，都是我们从一线获得的，或是通过与一线人员密切合作共同得出的。"

此外，部门之间缺乏沟通也会带来问题。研究表明，只有 9% 的管理人员认为，他们可以始终依赖其他部门的同事。[1] 这或许是因为，不同部门的员工彼此之间不了解，或是认为他们不属于同一个团队。如果你的公司也存在这种情况，那么，这种状况给数据战略带来的影响就是重复劳动、延迟交付或是错失机遇。因此，在实施数据战略的过程中，定期性的跨部门沟通是至关重要的。每个部门都需要了解自己和其他所有人在整体战略中的配合程度如何以及在各自职责范围内的执行情况如何。这同样适用于组织内部数据人员与其他成员之间的沟通。要充分利用数据，数据部门就必须和其他部门及负责人进行成功有效的沟通，反之亦然。考虑到这一点，我们需要着眼于在数据分析人员、汇报见解的人员和开发市场的人员之间建立并维护强有力的联系。最近一项调查发现，只有 41% 的参与者认为，在他们的公司中，数据人员和企业管理人员之间存在这种协作关系。[2] 而针对"领先"企业进行的深入研究则发现，这个数字达到了 55%。这凸显出改善数据人员和企业管理者之间的沟通对企业成功的重要性。

此外，管理失败也会严重阻碍，甚至扼杀数据战略。我承认，这个规律适用于任何事情，绝对不仅限于数据战略；但如果实施数据战略需要占用巨大的资源，那么，管理失败带来的后果可能是灾难性的。管理失败的原因可能是掌握资源的人没有考虑到与战略相关的长期成本或持续性投入，或者高层管理者不信任数据的力量。实际上，很多人今天还停留在依赖本能的阶段，他们不想让计算机告诉自己该做什么。管理不善可能源于角度不同，英国国家卫生服务署制定的《国家 IT 计划》，就是一个很有说服力的反面典型。这项将全部患者病历纳入中央数据库的计划被称为"史上最大的 IT 故障"，在投入了超过 100 亿英镑（149 亿美元）之后，该计划被废除。

同样要命的，是在正确的时间没有掌握正确的技能。公司往往喜欢在不考虑未来资源影响的情况下启动数据项目。正如第 9 章所看到的那样，熟练的数据科学人才的数量是有限的，因此，要找到得心应手的人才，往往需要采取"拿来即用"的思维。例如，一位银行客户曾告诉我，虽然他们有很多业务分析师，都接受过大数据培训，但也不是真正的数据科学家。我们找到关键技能上的差距，并开发出定制课程，将这些业务分析师转变为大数据科学家，这总比外聘一个新的数据科学团队便宜得多。除培训之外，这家银行还把目光转向大专院校，通过为学生或教师提供经常性服务的同时，也为企业的数据分析提供了有效支持。

很明显，确实有些障碍会阻碍数据战略的实施，尽管我们在此没有必要详尽列举每一种情况，但如果有充分的沟通和高层的支持，成功实施数据战略的可能性会大大增加。

11.2 创建数据文化

让整个企业接受数据战略的实质，就是创建一种数据文化。在数据文化中，数据被视为关键性的企业资产，而且只要在可能的情况下，就会把数据用于改进企业的各个层面——也就是说，带来更合理的业务决策，对顾客有更深入的理解，采取更有针对性的营销活动、更有效的供应链以及创造更多的收入机会等。整个企业都应尽可能地将数据作为运营的基础。但是要做到这点并不容易，因为它们明显需要一场文化变迁，不再靠直觉进行决策，摆脱"我们一直在这样做"的思维方式。

毫无疑问，数据文化的建立必须从顶层驱动，并向下逐级贯穿到组织的每个层次。组织高层必须以身作则，以数据为基础。如果领导层致力于将决策和企业运营建立在数据基础之上，那其下属就会遵循其原则。虽然这听起来理所应当，但对于使用数据带来的洞见很重要——如果你要鼓励组织中的其他人按这些洞见采取行动，你自己就必须这么做。如果你只是纸上谈兵，就别指望改变整个公司的文化。因此，利用这些宝贵的洞见，展现由此带来的积极成果，就很容易获得其他人的支持。

要播种一种强大的数据文化，最有效的一种方法就是让关键人员参与数据战略，包括制定战略和实施战略。例如，如果你使用数据更好地认识顾客和定位客户，那么，你的数据战略应该从一开始就纳入营销主管。你应该让这些关键人员成为数据的倡导者，通过他们的部门创造出涓滴效应（trickle-down effect）。

数据文化的内涵，就是让组织的每个人都了解数据的价值以及数据如何帮助企业取得成功。因此，沟通是数据战略的关键。企业领导者和管理者应采取措施让人们参与到数据战略中，并强调如何让组织、员工和客户受益于数据战略。通过展示其他公司的实践案例来体现数据的积极影响，不管是本书提及的示例还是来自行业的具体案例研究，都是很好的措施。

对很多人和企业来说，变革都是困难的，而消极性则具有传染性。如果某些个人或团队尤其抵触变革，可以使用"痛点"显示数据如何改善他们的工作环境，或是为他们的工作提供便利（例如，让营销活动更容易成功或减少客户投诉）。强调积极成果肯定会有助于战略的顺利执行。

最后，正如本书反复强调的那样，我们必须向员工坦诚公开衡量的对象和原因，尤其是涉及员工个人数据时，这种开诚布公的态度尤为重要。大数据确实有点居高临下的感觉，这难免会让人紧张。不要试图回避这个问题。如果我们坦诚对待自己收集的数据及其带来的积极影响，人们就更有可能欣然接受数据。

不管是小企业还是大企业，实施文化转型都不会是一件轻而易举、一蹴而就的事情。要让整个企业接受数据战略，需要组织投入巨大的时间和精力，而且要摆脱依赖直觉的决策或是"我们一直这样做"的思维定式。这也是让数据价值最大化的关键。只有做到这些，才有可能造就一个明智而高效的企业，成功利用数据并不断致力于业务的改进。

11.3　重新审视数据战略

和所有好的战略一样，我们同样需要不断审查和完善我们的数据战略。在这个问题上，我们需要考虑两个方面：一方面，数据和分析技术是如何演进的；另一方面，是否需要让你的企业有所改变。在这两种情况下，我们需要反问自己："这对我们的数据战略意味着什么？"如果你把数据视为企业的资产，即它和你的产品以及员工同等重要，就需要你全面审慎的监督和持续有效的审查，这一点和其他关键企业资产一样。

如果你正在使用数据改善决策质量或企业运营，那么，我建议你每年对数据战略进行一次全面修订，并将这作为年度计划中的常规性部分。但如果你的商业模式就是以数据（也就是说，你正在谋求数据的货币化）为基础，那么，你或许需要经常性地审视数据战略。在本质上，审核与修订数据战略的频率取决于数据对企业有多重要、你使用的是哪些类型的数据以及你希望通过数据实现什么，但每年进行全面审查显然是一项明智之举。

11.3.1 调整企业需求

任何企业都不是一成不变的。目标在变化，市场在发展，新的商业机会不断出现。因此，你在五年之后或是两年之后使用数据的方式，或许完全不同于目前的数据使用方式。数据战略必须和企业需求同步发展和变化。假设你使用数据改善决策质量，而且你的决策基础就是一系列的关键业务问题。你提出的有些战略问题可能是一次性的；有些则是围绕于你希望持续衡量和监督的问题。你发现的某些答案可能会引发你在未来探索全新的问题。因此，数据战略必须围绕新的业务问题持续演进。

或者说，你可以在企业的某个领域开启这次旅程，然后，再将其拓展到所有可能受益于数据的其他业务领域。例如，如果你正在使用数据优化配送路线，那么，符合逻辑的下一步，就是使用传感器监控车辆的磨损情况，并使车辆维护计划自动化。一旦建立了数据基础架构，就可以相对轻松地把应用程序运用到其他业务领域。但这还需要我们对数据战略进行全面彻底的更新，以确保你不会忽略所有可能出现的影响和要求。

你甚至会发现，数据本身带来的新商机，这就需要你对数据战略进行一次重大调整。约翰·迪尔就是一个典型的例子。这家公司发现，通过农业机械收集到的数据有着令人难以置信的价值，这些价值将为传统制造业企业带来一种全新的商业模式。和大部分企业一样，它们成功的诀窍就是永远追求新的机会。

11.3.2 持续演进的技术图景

对于数据来说，最令人兴奋的莫过于事物都是永恒变化的，尽管这种变化对那些力求与时俱进的企业来说会带来挑战。数据收集方法和分析技术的发展尤为迅猛，不能根据新发展态势及时修订数据战略的企业注定会落伍。当然，我并不建议企业必须彻底抛弃现有的基础架构，每年搬出一套新花样，相反，我的观点是，企业应该不断考虑新的发展状况以及这些变化是否会给数据战略带来重大影响。持续变化的技术环境会带来有利的一面，它可以降低基础设施的成本。例如，用于存储数据的方案越来越便宜，因此，定期审视你的数据战略，也许可以带来有价值的成本节约。

在第 1 章里，我们探讨了一些关键的技术发展趋势，包括区块链技术、机器学习、物联网、情感计算、虚拟现实、认知计算以及机器人技术等，它们均属于技术快速进步的领域。"边缘分析"（Edge analytics）是另一个值得关注的重要发展领域。边缘分析有时被人们称为分布式分析（distributed analytics），其基本上意味着设计在收集数据的位置（或非常靠近收集点的位置）来执行分析的系统，如智能手机或其他智能连接设备。通常，这里也是最需要根据由数据提取的洞察力采取行动的位置。不像集中式的系统设计，其中所有数据均以原始状态被发送回数据仓库，数据在清理和分析之后才能形成价值；那么，为什么不在系统的"边缘"完成这些操作呢？一个简单的例子就是大规模闭路电视安全监控系统，它可能用几千甚至几万个摄像头覆盖一片较大的被监控区。然而，摄像头拍摄的 99.9% 的视频可能对预期任务（如监控是否有私自进入者）没有任何意义。拍摄到的大量视频可能都是静止画面，因此，在网络上实时流式传送这些数据有什么意义呢？不仅会产生费用，还有可能带来合规负担。如果摄像机可以对图像在被捕捉时进行自动识别，并把没有价值的数据自动丢弃或是标记为低优先级，从而将集中资源释放出来，用于处理真正有价值的数据，那岂不是更好！

这已成为越来越多行业推出的新型数据处理模式。IDC 的《物联网未来图景》（FutureScape for IoT）报告发现，到 2018 年，40% 的物联网数据将在其形成的网络边缘位置进行存储、处理、分析和操作。[3] 尽管边缘分析的本意并不是要完全取代集中式分析，但是在企业需要对数据的含义做出快速或实时反应的情况下，这种模式就显得尤为珍贵了。

例如，大型零售商可以在销售点（POS）对捕获的数据进行分析，并实时开展交叉营销或向上营销，与此同时，减少了将全部销售数据实时发送到集中式分析服务器而占用的带宽。制造商在机器和车辆中创建边缘分析系统，可以减少紧急维修工作以及设备停机时间，让它们自行决定应在何时降低功率输出。

自动及无人驾驶车辆必将严重依靠边缘分析系统来满足立即响应的要求，比如，在前面道路出现危险时，就必须应用这项功能。同时，它们还要依靠集中式分析进行车队管理和路线的优化。此外，它们还需依靠一种所谓的中间地带，有时也被称为"雾区"，在相邻车辆之间的网络进行分析，从而达到对本地交通流量进行管理的目的。因此，聪明的方法就是在最有效的地方处理数据——不管是网络边缘、集中式资源抑或是两者之间。

简言之，让边缘分析成为当下热门话题的根源在于，它的本质是把分析引入数据，而不是把数据引入分析。随着数据集的规模越来越大，物联网设备的智能化也在不断提高，让它有可能成为数据战略中越来越重要的一部分。

另一个需要密切关注的领域是 LiFi（可见光无线通信）⊖。对 Wi-Fi 和大规模数据传输的巨大需求正在给现有技术带来巨大压力。拥有相对于传统 Wi-Fi 100 倍数据传输速度的 LiFi 技术为我们提供了新的答案，而且它只需要打开灯光即可。LiFi 属于可见光通信类传输技术（Visible

---

⊖　可见光无线通信又称"光保真技术"，英文名 LightFidelity，是一种利用可见光波谱（如灯泡发出的光）进行数据传输的全新无线传输技术。——译者注

Light Communication），它使用闪烁速度无法被肉眼所察觉的 LED 光传输数据，这有点像高科技版的摩尔斯电码（Morse Code）。实际上，科学家已经在实验室里证明，他们利用这项技术可以按 224Gbit/s 的速度传输信息，也就是说，相当于每秒可下载 18 部大小为 1.5GB 的电影。

这种数据成熟技术的巨大的优势是，LED 灯需要的能量非常少，因而可通过标准以太网线提供电源。此外，LiFi 不会像 Wi-Fi 那样产生电磁干扰，这意味着，它有可能在医疗机构等敏感场所发挥重要作用。但它也并非完美无瑕。一是在非常明亮的日光下，接收器将无法区分信号；另一个不同于 Wi-Fi 的是，LiFi 信号不能通过墙壁。当然，这些局限性是可以通过智能架构等技术加以克服的，即空间内的灯光以无死角的方式布置在用户周围。实际上，LiFi 不能穿透墙壁的缺陷也会让数据流获得实时安全的防护，只有身在其中的用户才能访问数据。

随着物联网设备市场的增长，传感器被嵌入到越来越多的物体和场所中，这就需要速度更快、容量更大的数据传输能力。如果物联网继续以预期速度增长，那么，目前的基础设施将无法应对需要传输的数据量。因此，要实现大数据和物联网的继续增长，LiFi 或类似技术或许是唯一可行的解决方案。最棒的是，现有的 LED 灯泡技术只需增加一个微型芯片即可成为 LiFi 发射器，有朝一日，全世界 140 多亿只灯泡将变成 140 多亿个 LiFi 发射器。

11.3.3　遥望未来

在很多看似与数据毫不相关的领域，同样有可能出现对组织使用数据产生重大影响的发展。在第 1 章中，我们探讨了机器人和人工智能的发展如何导致人类的工作方式发生剧烈变化，甚至导致很多人失业。这些进步自然也会对企业经营模式及其日常运营带来影响。事实是，没有人能确切知道，未来的数据和分析领域将走向何方，但我们还是可以猜测一下未来有可能发生的情景。

虽然机器学习、人工智能、大数据和机器人自动化等领域的进步，可能意味着医学、科学、商业和人类理解能力等方面的巨大进步，但不可否认的是，它们也会带来负面影响。它们对资本主义提出了严峻挑战。这些技术的飞速发展有可能造就一场无就业增长，也就是说，产品数量呈指数性增长、生产制造效率不断提高，将与失业率和就业不足率上升、实际工资下降以及生活水平停滞不前形成鲜明对比。

但如果这场预言并非如悲观者想得那么万劫不复，结果又会怎样呢？假如这些自动化让人类奢侈地进入后工作时代（Postwork era），以至于我们可以让机器满足我们的一切需求，而我们只需投入很少的劳动，即可过上惬意舒适的美好生活呢？这就是"全自动奢侈社会"理论——即在不远的将来，机器可以满足人类的全部基本需求，而人类只需在质量控制和类似监督等方面承担最少的工作量，可能每周只工作10 ~ 12小时。因此，这种进步不会带来更多的不平等，而是创造一个让所有人都生活在安逸舒适之中并由机器生产一切的社会里。[只需想想电影《星际迷航》中主张平等主义社会的联邦（The Federation），我们就能很好地理解这个理论的基本内涵：在联邦中，物质需求通过"复制者"和其他先进技术即可得到满足。]

奢侈社会乌托邦的想法并不是什么新事物。显而易见，虽然机器人在不断更新，但历史学家却可以将这种思维的雏形追溯到19世纪。在这套理论中，最棘手的部分无疑是如何让技术服从于全体人类的需求，而不是逐利。但如果失去了利润动机或是其他某种更强大的内在激励，人类还有什么动力去追求创新、适应和不断改进呢？

当然，这并不是说，我认为这个想法很糟糕。让现代技术为人类服务，这绝对是值得我们追求的目标。而且让政府和非营利组织与营利性企业共享相同的技术平台，始终是值得人类追逐的一项事业，这不仅有助于改善人类的生活条件，而且有利于解决减少犯罪和消除贫困等问题。

我认为，有一点是毋庸置疑的：人类发展正在进入一个新的时代。专业人士和未来学家或许还将无休止地争论，我们是正在进入所谓的"人类世"（Anthropocene），即一个以创造力为动力的时代（如此前的农业和工业社会），还是以技术为驱动力的技术时代。如果是后者，我们必将要面对技术进步所带来的极大不确定性。技术是会成为力量强大的社会均衡工具，还是会让数字带来的福利和灾难愈加突兀呢？

无论是对个人还是企业，"数字封建主义"（Digital feudalism）现象都在引发人们更多的关注和担忧，按照这种观点，科技精英将控制和统治世界。在封建主义社会中，权力掌握在控制生产资料的人手中。而在中世纪，权力的拥有者就是指拥有土地的国王和贵族。如果人类确有一天步入数字封建主义时代，那么，领主将是那些控制人类所依赖的技术的人。

这种情况已在一定程度上变成现实。如果你想得到最新的应用程序、最新的工具，就必须接受程序或工具发布公司的条款。否则，你就不能使用它们的技术。因为它们全力控制着这些技术。因此，我们正在走向一个普通人几乎完全丧失"退出"能力的未来。迄今为止，面对这种被左右的现实，民众的反应却是出奇的平淡，不过，或许只经历一次大规模安全漏洞事件（类似于在第 10 章中提到的那种情况），就有可能让这种现实产生天翻地覆的改变。鉴于此，任何有社会责任感的公司都应该谨慎行事，切莫强迫用户放弃他们不愿放弃的数据。有朝一日，如果人类真的进入数字封建主义时代，那么，赋予顾客和用户以某种程度控制权的公司，恰恰有可能就是站在金字塔顶尖上的公司。

当然，所有这一切并不是说，数据时代的未来将暗淡无光，人类最终倒退到成为数据的奴隶。相反，我们的世界正在越来越多地由数据驱动，对于那些接受这个现实，据此规划并制定了一个强有力的数据战略的企业来说，这个未来必将为它们提供千载难逢的机遇。

通过数据，组织可以更深刻地了解顾客，为他们提供更优质的服务，从而更有针对性地满足顾客的个性化需求，这一点是以往任何时候都无法想象的。数据可以帮助企业更有效地开展业务，减少浪费，提高员工士气，并创造出更完美的产品和服务。不要忘记的是，智能产品不仅会让出售它们的企业成为市场赢家，也有助于为消费者提供更加便捷、美好的生活。与此同时，数据也让更多的企业不断演变其商业模式，创造出 10 年前还无法企及的全新收入源。对于形状各异、规模不同的诸多企业来说，这无疑是一个振奋人心的时刻，而数据就是这个时刻的灵魂。

注解

1. Jolynn Shoemaker, Amy Brown 和 Rachel Barbou（2011）：“革命性变化：使工作更加灵活”，《Solutions》，2011 年 3 月，原文见以下网址：https://www.thesolutionsjournal.com/article/a-revolutionary-change-making-the-workplace-more-flexible/

2. Bernard Marr（2016）：“对大数据和分析的投资为什么尚未得到回报”，《福布斯》，2016 年 6 月 27 日，原文见以下网址：http://www.forbes.com/sites/bernardmarr/2016/06/27/why-investments-in-big-data-and-analytics-are-not-yet-paying-off/#6e42088580a2

3. IDC Futurescape（2015）:《2016 年全球物联网预测》，原文见以下网址：https://www.idc.com/research/viewtoc.jsp?containerId=259856